ソフトスイッチングの
基礎から応用まで

Fundamentals and Applications of
Soft-Switching

平 地 克 也 著

電気学会

The Institute of Electrical Engineers of Japan

目　　　次

1章　は じ め に

2章　ソフトスイッチングの基礎

3章　部 分 共 振

4章　電流共振と電圧共振

5章　各種回路方式の「ソフトさ比較」

1章 は　じ　め　に

　ソフトスイッチングは 1980 年代に広く研究され，実用化された。当時はまだソフトスイッチングという言葉は使われておらず，電圧共振・電流共振と呼ばれていた。電圧共振・電流共振には，スイッチング損失とサージ電圧・サージ電流の低減，および高周波ノイズの抑制という長所があるが，通常のスイッチング動作（ハードスイッチング）と比較して，導通損失や部品点数の増加，PWM 制御ができない，などの欠点もある。そこで 1990 年代に，電圧共振・電流共振の長所を維持したうえで，PWM 制御可能で導通損失の増加も抑制できる方法として部分共振が開発され，同時にソフトスイッチングという言葉が広く使われるようになった。以後，部分共振がソフトスイッチングの主流として多くの電気製品や電気システムに使用されている。本書では 3 章で部分共振の各種回路方式を詳しく紹介する。

　一方，2010 年代には電流共振を用いた LLC コンバータが普及した。LLC コンバータは部品点数が少ないうえに高いレベルのソフトスイッチングを実現しているが，電圧制御範囲が狭いという欠点があり，それを改善するための新しい回路方式が広く研究されている。さらに，インタリーブ制御や双方向電力制御も研究が進み，大きな容量の DC/DC コンバータにも適用が広がっている。また，2010 年代後半からは非接触給電の分野で，共振型が広く研究されるようになった。電圧共振の仲間である E 級スイッチングもこの分野で注目されている。このように 2010 年代以降は電圧共振・電流共振が再度注目されており，1980 年代に多数報告された電圧共振・電流共振の研究成果を学習する必要がある。本書では 4 章で電圧共振・電流共振の動作原理と各種回路方式の特性を体系的に詳しく説明する。

　ソフトスイッチングはハードスイッチングの欠点を克服するための回路方式として開発されたので，ハードスイッチングはスイッチング損失の大きな古い回路方式，ソフトスイッチングはスイッチング損失が抑制され高周波化が可能な新し

い優れた回路方式である，と考えられている。しかし，ソフトスイッチングの回路方式でもサージ電圧やサージ電流が発生する場合もあり，逆にハードスイッチングの回路方式でもスイッチング損失がほとんど発生しない場合もある。実際にハードスイッチングの回路方式も今なお広く使用されている。そこで，回路方式を選択するにあたっては，ハードスイッチング・ソフトスイッチングと二者択一的に考えるのではなく，各種回路方式のスイッチング時の現象を詳しく検討して比較する必要がある。本書では，2章でスイッチング時の現象を詳しく解析し，5章で各種回路方式のスイッチング時の動作を「ソフトさ比較」という視点で比較検討している。回路方式の選択に役立つことを期待する。

　本書は2018年1月に発行された「DC/DCコンバータの基礎から応用まで」[†]の姉妹本である。前著ではDC/DCコンバータの基礎と各種回路方式の特徴を詳しく説明しているが，本書はその中のソフトスイッチング方式の内容を充実させたものである。本書と合わせて前著も購読いただければ，ソフトスイッチングへの理解を一層深めることができると思います。

[†]　「DC/DCコンバータの基礎から応用まで」，著者：平地克也，発行所：電気学会，発売元：オーム社[(1)]．（　）内の数字は巻末の引用・参考文献の番号を示す。

2章 ソフトスイッチングの基礎

　通常のスイッチング動作では，スイッチ素子の電圧と電流が急峻に変化するのでハードスイッチングと呼ばれており，スイッチング損失の発生や高周波ノイズの増加を招く。本章では，まずハードスイッチングの欠点であるスイッチング損失，およびサージ電圧・サージ電流の発生原理を検討し，さらにスイッチ素子のターンオフ時の現象を詳しく解析する。ターンオフの過程で生じる複数の動作モードの電流径路と等価回路を明らかにすることにより，スイッチング損失とサージ電圧発生時の回路の動作を詳しく検討する。

　ソフトスイッチングはリアクトルとコンデンサの共振を利用して，スイッチ素子の電圧と電流の変化をゆるやかにし，ソフトにスイッチングする技術である。しかし，スイッチ素子の電圧と電流の変化をゆるやかにすることは簡単ではなく，弊害を伴う場合もある。そのため，多くの種類のソフトスイッチング手法が提案されている。本章ではソフトスイッチングのさまざまな方式を体系的に分類整理する。また，ソフトスイッチングの実用化の動向を概観する。

2.1　ハードスイッチングの課題

2.1.1　スイッチング損失

　DC/DC コンバータやインバータなどの電力変換装置では，半導体素子を高周波でオンオフ動作させて電力を制御する。半導体素子にはバイポーラトランジスタ，FET，IGBT などが使われる。オンオフ動作させるのでこれらの半導体素子を**スイッチ素子**という†。

---

† 図中の電気用図記号は，JIS C 0617 に準拠すべきであるが，本書では伝統的によく用いられている慣用的な図記号を使用している。また，本書ではスイッチ素子の表示を図 2.1 の右上のように，バイポーラトランジスタのシンボルマークで統一し，その部品記号として Q を使用する。

　スイッチ素子 Q の電圧・電流平面を図 2.1 に示す。X 軸はスイッチ素子の電圧 v，Y 軸はスイッチ素子の電流 i である。スイッチ素子がオン状態のとき，スイッチ素子の電流 i の大きさを I_{on} とする。オン状態なら電圧 v はほぼ 0 V なのでスイッチ素子の動作点は図のオンの位置にある。オフ状態のとき，スイッチ素子の電圧 v の大きさを V_{off} とする。オフ状態なら電流 i は 0 A なので動作点は図のオフの位置にある。オンの位置，またはオフの位置ではスイッチ素子に電力損失はほとんど発生しない。しかし，オン状態からオフ状態に移行するとき（ターンオフ時），およびオフ状態からオン状態に移行するとき（ターンオン時）は，過渡的にスイッチ素子の電圧 v と電流 i がともに有限の値となり，電力損失が発生する。これを**スイッチング損失**という。

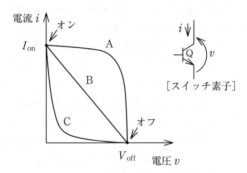

図 2.1　スイッチ素子の電圧・電流平面図

　スイッチング損失の計算方法を検討する。スイッチ素子 Q を可変抵抗器と考え，ターンオフは Q の内部抵抗値が 0 Ω から無限大まで変化する過程，ターンオンは Q の内部抵抗値が無限大から 0 Ω まで変化する過程と考えると，スイッチング時の等価回路として**図 2.2** が得られる。R_Q はスイッチ素子を表す可変抵

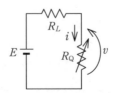

図 2.2　スイッチング時の等価回路

抗器，R_L はスイッチ素子の負荷抵抗，E は電源電圧であり，次式が成立する。

Q がオフ時：$R_Q = \infty$ なので，$v = V_{\mathrm{off}} = E,\ i = 0$

Q がオン時：$R_Q = 0$ なので，$v = 0,\ i = I_{\mathrm{on}} = E/R_L$

図 2.2 の等価回路にもとづき，ターンオフ時とターンオン時のスイッチ素子 Q の電圧 v と電流 i の波形を**図 2.3** に示す。t_{f}, t_{r} はそれぞれ電流 i の立下り時間，立上り時間である。ターンオフ時，Q の v と i は図 2.1 に示すオンの位置からオフの位置へ B の径路で移動する。ターンオン時は同じ径路を逆の方向に移動する。

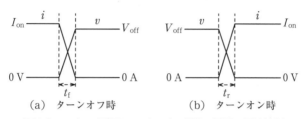

<table>
<tr><td>（a）　ターンオフ時</td><td>（b）　ターンオン時</td></tr>
</table>

図 2.3　スイッチ素子のスイッチング時の電圧・電流波形

ターンオフ時に発生するエネルギー損失 W_{off} は t_{f} の期間の v と i の積を積分することにより次式のように計算される。

$$
\begin{aligned}
W_{\mathrm{off}} &= \int_0^{t_{\mathrm{f}}} vi\,dt = \int_0^{t_{\mathrm{f}}} \left\{ V_{\mathrm{off}} \frac{t}{t_{\mathrm{f}}} \times I_{\mathrm{on}} \left(1 - \frac{t}{t_{\mathrm{f}}} \right) \right\} dt \\
&= V_{\mathrm{off}} I_{\mathrm{on}} \left\{ \frac{1}{t_{\mathrm{f}}} \left[\frac{1}{2} t^2 \right]_0^{t_{\mathrm{f}}} - \frac{1}{t_{\mathrm{f}}^2} \left[\frac{1}{3} t^3 \right]_0^{t_{\mathrm{f}}} \right\} \\
&= \frac{1}{6} V_{\mathrm{off}} I_{\mathrm{on}} t_{\mathrm{f}} \quad [\mathrm{J}]
\end{aligned}
\tag{2.1}
$$

ここで，動作周波数を f とすると，ターンオフ時の電力損失 P_{off} は次式で与えられる。

$$
P_{\mathrm{off}} = W_{\mathrm{off}} \times f = \frac{1}{6} V_{\mathrm{off}} I_{\mathrm{on}} t_{\mathrm{f}} f \quad [\mathrm{W}]
\tag{2.2}
$$

なお，エネルギーの単位 [J] と電力の単位 [W] には次式の関係があり，1s 間に消費されるエネルギーが電力損失である。

$$
1\,[\mathrm{J}] = 1\,[\mathrm{W}] \times 1\,[\mathrm{s}] = 1\,[\mathrm{W \cdot s}]
$$

同様にしてターンオン時に発生する電力損失 P_{on} は次式で与えられる。

$$P_{\mathrm{on}} = \frac{1}{6} V_{\mathrm{off}} I_{\mathrm{on}} t_{\mathrm{r}} f \quad [\mathrm{W}] \tag{2.3}$$

なお，以上の計算は図 2.2 の等価回路を前提としているが，スイッチ素子の負荷は抵抗で近似できるとは限らず，インダクタンス成分が含まれる場合が多い。その場合，ターンオフ時の波形は図 **2.4** に模式図を示すように，電圧 v の上昇より電流 i の下降が遅れ，スイッチング損失は式 (2.2) より大きくなる。また，ターンオフ時にサージ電圧，ターンオン時にサージ電流が発生することも多く，その場合は図 **2.5** のようなスイッチング波形となり，式 (2.2) や式 (2.3) より大きなスイッチング損失となる。

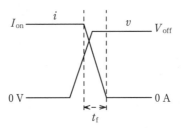

図 2.4　インダクタンス成分がある場合のターンオフ

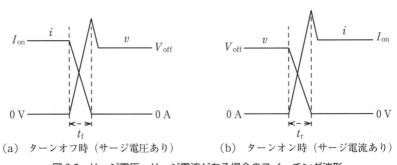

（a）ターンオフ時（サージ電圧あり）　　（b）ターンオン時（サージ電流あり）

図 2.5　サージ電圧・サージ電流がある場合のスイッチング波形

2.1.2　サ ー ジ 電 圧

サージ電圧はスイッチ素子のターンオフ時に発生する大きな電圧である。サージ電圧の実測例を図 **2.6**(a) に示す。100 kHz で動作している昇降圧チョッパの

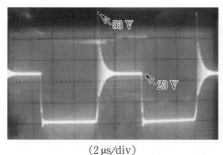 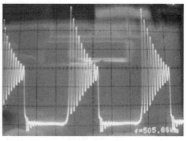

(2 μs/div)   (0.5 μs/div)

(a) 動作周波数 100 kHz にて   (b) 動作周波数 500 kHz にて

図 2.6 昇降圧チョッパのサージ電圧波形 (10 V/div)

スイッチ素子 (FET) のドレイン・ソース間電圧 v_{ds} を測定したものである。スイッチ素子がオフのときの v_{ds} は 23 V 程度であるが、ターンオフの瞬間には 53 V 程度の大きな電圧が発生し、1.5 μs 程度振動したあとにオフ時の定常電圧 23 V に整定している。この大きな電圧をサージ電圧という。サージ電圧による破損を防ぐために高耐圧の FET を選択しなければならず、価格の上昇やオン抵抗の増加による電力損失の増加を招くことになる。

この昇降圧チョッパを 500 kHz で動作させたときのスイッチ素子の v_{ds} 波形を図 (b) に示す。サージ電圧に続く振動が終了しないうちに次のターンオンが始まっている。振動の周波数は 15 MHz 程度であり、大きなスイッチング損失の発生とともに、大きな**高周波ノイズ**の発生が予想される。

昇降圧チョッパの電流径路を図 2.7 に示す。図 (a) では Q がオンのときの電流径路を実線で、オフのときの電流径路を破線で示している。Q のターンオフ時は電流径路が実線から破線に変化するが、その過渡時の電流径路を図 (b) に示す。$L_{11} \sim L_{16}$ は配線やコンデンサに存在するインダクタンス成分である。Q がターンオフすると、まず、Q のチャネルを流れていた電流は Q の寄生容量 C_Q に転流し、C_Q を充電する。充電にともない、C_Q の電圧 (Q の電圧でもある) v_Q は上昇し、v_Q が $V_{in} + V_{out}$ に達すると D の逆バイアスが解消されて D が導通し、破線の径路で電流が流れ始める。しかし、破線の径路には配線のインダクタンス L_{11}, L_{12}, L_{13} が存在するので、電流の増加には時間を要する。また、実線の径路には L_{14}, L_{16} が存在するので、実線の径路の電流の減少にも時間を要す

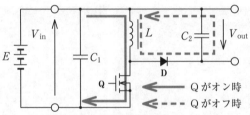

(a) Qがオン時とオフ時の電流径路

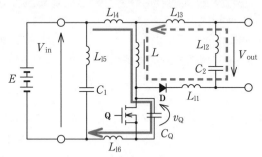

(b) Qのターンオフ過渡時の電流径路

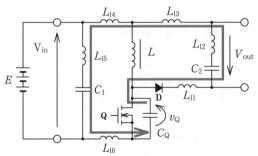

(c) v_Qが振動しているときの共振電流径路

図2.7　昇降圧チョッパの電流径路

る。実線の径路の電流がすべて破線の径路に転流するまでは C_Q の充電が継続されるので，この間に v_Q は $V_{in}+V_{out}$ を超えて大きな電圧に充電される。これがサージ電圧の発生メカニズムである。

図 (b) の実線の電流がすべて破線の径路に転流した時点でサージ電圧はピーク値に達し，その後大きな電圧に充電された C_Q は図 (c) の径路で放電を開始する。この電流は L_{11}〜L_{16} の合計のインダクタンスと C_Q の容量との共振電流であり，この共振が減衰して消滅するまで v_Q の振動が継続する。減衰の速度はこの

電流径路上に存在する抵抗成分で決まる。

2.1.3 サージ電流とダイオードのサージ電圧

サージ電流はスイッチ素子のターンオン時に流れる大きな電流である。多くの場合，ダイオードの逆回復電流が原因となり発生する。図 2.8 に昇降圧チョッパにおける Q のターンオン時の電流径路を示す。Q がオフ時は破線の径路で電流が流れているが，ダイオード D の内部では多くの電荷が移動している。この状態で Q がターンオンすると D 内部の電荷が消滅するまでの間，実線の径路で大きな電流が流れ，Q のサージ電流となる。この電流は，D 内部の電荷が消滅して，ダイオードの逆方向電流を阻止する能力が回復するまでの間流れるので，逆回復電流という。逆回復電流が流れる時間を逆回復時間といい，ダイオードの種類によって大きな差があるが，DC/DC コンバータでは数 10 ns 程度のものが使用される。サージ電流は常時の電流より大幅に大きくなるので，スイッチ素子 Q のパルス電流耐量を超えないように，Q を選択する必要がある。

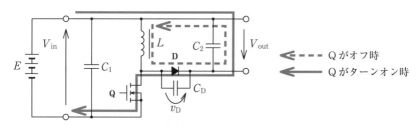

図 2.8 Q ターンオン時の電流径路

図 2.8 のサージ電流の径路（実線の径路）には，実際には図 2.7(b), (c) に示したように配線のインダクタンス成分が存在する。そのため，D が逆方向電流阻止能力を回復したあとも電流を流し続ける。そこで，実線の電流は D から C_D に転流し，C_D を充電する。なお，C_D は D の接合部容量であり，数 100 pF 程度の小さい容量である。したがって，C_D の電圧 v_D は瞬時に大きな電圧となり，D のサージ電圧となる。配線のインダクタンス成分のエネルギーがすべて C_D に移動した時点で v_D はピーク値となり，その後 C_D は放電に転じ，配線のインダクタンス成分との共振がしばらく継続する。v_D は D の耐圧を超えてはならないので，スナバ回路を設けるなどのサージ電圧抑制対策が必要となる。

2.1.4　スイッチ素子ターンオフ時の動作解析

(1)　昇圧チョッパのターンオフ時の動作モード

2.1.1 項で説明したように，スイッチング損失はスイッチング時に電圧と電流が同時に有限の値となることにより発生する。2.1.2 項で説明したように，サージ電圧はスイッチ素子の寄生容量が過大に充電されることにより発生する。本項ではスイッチ素子のターンオフ時の動作を詳しく検討し，スイッチング損失とサージ電圧発生時の等価回路と成立する式を導出する。

昇圧チョッパのスイッチ素子がターンオフしたときのスイッチ素子の電圧波形と電流波形の実測例を図 2.9 に示す。この例ではスイッチ素子 Q には MOSFET を使用している。電圧 v_{ds} は 0 V から V_p(58 V) まで増加し，その後振動を経て V_{out}(24 V) に収束する。電流 i_Q は I_p(2.8 A) から始まって負の値まで減少し，その後振動を経て 0 A に収束する。

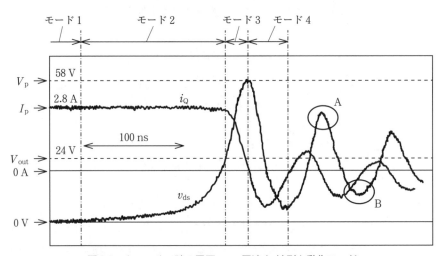

図 2.9　ターンオフ時の電圧 v_{ds}，電流 i_Q 波形と動作モード

ターンオフ時に生じる一連の動作モードと電流径路を図 2.10 に示す†。各動作モードの等価回路を図 2.11 に示す。以下に各動作モードの概要を説明する。

---

†　図 2.10 では出力電圧 V_{out} の後段に何らかの負荷が接続されており，出力電流 I_{out} は有限の値であることを想定している。煩雑さを避けるために負荷の表示は省略しているが，この図のように，本書ではほとんどの回路図において負荷の表示を省略している。

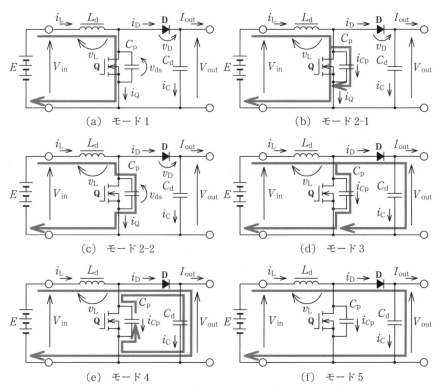

(a) モード 1　　　　(b) モード 2-1

(c) モード 2-2　　　　(d) モード 3

(e) モード 4　　　　(f) モード 5

図 2.10　昇圧チョッパターンオフ時の動作モードと電流径路

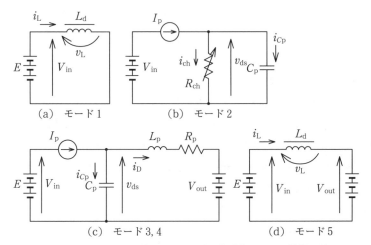

(a) モード 1　　　　(b) モード 2

(c) モード 3, 4　　　　(d) モード 5

図 2.11　昇圧チョッパターンオフ時の各動作モードの等価回路

＜モード1＞　定常状態（スイッチ素子オン時）

　スイッチ素子 Q がオンしており，リアクトル L_d には電源電圧 V_{in} が印加されている。等価回路は図 2.11(a) となる。次式が成立する。

$$v_L = V_{in} \tag{2.4}$$

$$\Delta i_L = \frac{1}{L_d} V_{in} T \alpha \tag{2.5}$$

なお，T は Q のスイッチング周期，α は Q の通流率である。

$$I_p = \frac{V_{out} I_{out}}{V_{in}} + \frac{1}{2} \Delta i_L \tag{2.6}$$

　Δi_L はモード1期間の i_L の増加量である。$\dfrac{V_{out} I_{out}}{V_{in}}$ は L_d 電流 i_L の平均値であり，回路の電力損失は無視して計算している。I_p はモード1終了時の L_d 電流の値で，L_d 電流のピーク値であり，図 2.9 では 2.8 A である。

＜モード2＞　ターンオフ過渡時

　モード1においてスイッチ素子がターンオフするとモード2に移行する。ただし，スイッチ素子のターンオフは瞬時に行われることはなく，スイッチ素子がFETなら，**チャネルの抵抗 R_{ch} が数 10 ns** をかけて徐々に増加することによりターンオフを実現する。R_{ch} の増加に伴いスイッチ素子の電圧 v_{ds} は徐々に増加する。それに伴いスイッチ素子の寄生容量 C_p は充電される。したがって，図 2.10(b) に示すように L_d の電流 i_L は Q のチャネルを通る電流と C_p を充電する電流 i_{Cp} に分流する。このときの等価回路を図 2.11(b) に示す。なお，I_p は前記のようにモード1終了時の L_d 電流であり，ターンオフ過渡時のリアクトル L_d は定電流源 I_p とみなすことができる。

　R_{ch} はやがて無限大となってチャネルを流れる電流は 0 A となり，C_p を充電する電流のみとなる。その状態を図 2.10(c) に示す。R_{ch} が図 2.9 のどの時点で無限大となったか正確に判別することは困難であるが，無限大となるまでをモード 2-1，無限大となってからをモード 2-2 と呼ぶことにする。C_p が V_{out} まで充電されるとモード3に移行する。

　2.1.1 項で説明したターンオフ損失はモード 2-1 で発生する。モード 2-2 では寄生容量が充電されているだけなので v_{ds} が上昇しても電力損失は発生しない。図 2.9 の波形では v_{ds} の上昇より i_Q の下降が遅れており，スイッチ素子の負荷

にインダクタンス成分が含まれていることが推定される。また，大きなサージ電圧も発生しているので，図2.4と図2.5(a)の双方の模式図を複合した波形といえる。

＜モード3＞　ターンオフ過渡時

C_p が V_{out} まで充電されると D の逆バイアスが解消され，D の電流 i_D が流れ始める。このときの電流経路を図2.10(d)に示す。理論的には，D の逆バイアスが解消されれば i_{Cp} は瞬時にすべて i_D に転流するが，実際には i_D の電流経路には図2.11(c)の等価回路に示すようにインダクタンス成分 L_p と抵抗成分 R_p が存在するので，i_{Cp} から i_D への転流は徐々に行われる。したがって，図2.10(d)に示すように i_{Cp} と i_D の双方が流れる。このとき，C_p は i_{Cp} により V_{out} 以上に充電され，v_{ds} のサージ電圧となる。i_{Cp} から i_D への転流がすべて完了した時点でサージ電圧はピークとなり，次のモードに移行する。

＜モード4＞　ターンオフ過渡時

高電圧に充電された C_p が放電を開始する。電流経路を図2.10(e)に示す。このときの等価回路はモード3と同じく図2.11(c)である。モード3とモード4は図2.11(c)の回路において C_p と L_p が共振している状態と考えられる。共振期間中はモード3とモード4が交互に繰り返される。共振電流はこの径路の抵抗成分 R_p のために徐々に減衰し，やがて共振が終了して定常状態（モード5）に移行する。

＜モード5＞　定常状態（スイッチ素子オフ時）

電流経路を図2.10(f)に示す。$v_L = V_{in} - V_{out}$ なので，v_L は負となり，i_L は徐々に減少する。

なお，図2.7(b)，(c)に示した昇降圧チョッパのターンオフ時の動作も昇圧チョッパと同じ原理であり，図(b)は昇圧チョッパのモード3に対応し，図(c)はモード4に対応する。

(2)　ターンオフ過渡時のスイッチ素子電圧 v_{ds} の計算式

図2.11の等価回路からターンオフ過渡時の v_{ds} の計算式は次のように導出される。

＜モード2＞　　図2.11(b) より

$$I_{\mathrm{p}} = i_{\mathrm{ch}} + i_{\mathrm{cp}} = \frac{v_{\mathrm{ds}}(t)}{R_{\mathrm{ch}}} + C_{\mathrm{p}}\frac{d}{dt}v_{\mathrm{ds}}(t) \tag{2.7}$$

この式を解くと v_{ds} は次式で与えられる。

$$v_{\mathrm{ds}}(t) = R_{\mathrm{ch}}I_{\mathrm{p}}\left(1 - e^{\frac{-1}{R_{\mathrm{ch}}C_{\mathrm{p}}}t}\right) \tag{2.8}$$

ただし，チャネル抵抗 R_{ch} は数 $10\,\mathrm{m\Omega}$ から無限大まで変化する時間の関数なので，この式を使って v_{ds} 波形を作図することはできない。

モード2の後半（モード2-2）では R_{ch} は無限大なので i_{ch} はゼロであり

$$I_{\mathrm{p}} = i_{C\mathrm{p}} = C_{\mathrm{p}}\frac{d}{dt}v_{\mathrm{ds}}(t) \tag{2.9}$$

が成立する。よって

$$v_{\mathrm{ds}}(t) = \frac{1}{C_{\mathrm{p}}}I_{\mathrm{p}}t + v_{\mathrm{ds}}(0) \tag{2.10}$$

$v_{\mathrm{ds}}(0)$ はモード2-2の v_{ds} の初期値である。

＜モード3とモード4＞　　図2.11(c) より次式が成立する。

$$I_{\mathrm{p}} = i_{C\mathrm{p}}(t) + i_{\mathrm{D}}(t) \tag{2.11}$$

$$i_{C\mathrm{p}}(t) = C_{\mathrm{p}}\frac{d}{dt}v_{\mathrm{ds}}(t) \tag{2.12}$$

$$v_{\mathrm{ds}}(t) = V_{\mathrm{out}} + R_{\mathrm{p}}i_{\mathrm{D}}(t) + L_{\mathrm{p}}\frac{d}{dt}i_{\mathrm{D}}(t) \tag{2.13}$$

これらの式を解いて

$$v_{\mathrm{ds}}(t) = e^{\frac{-R_{\mathrm{p}}}{2L_{\mathrm{p}}}t}(V_{\mathrm{a}}\sin\omega t + V_{\mathrm{b}}\cos\omega t) + R_{\mathrm{p}}I_{\mathrm{p}} + V_{\mathrm{out}} \tag{2.14}$$

ただし

$$V_{\mathrm{a}} = I_{\mathrm{p}}\frac{2L_{\mathrm{p}} - R_{\mathrm{p}}^2 C_{\mathrm{p}}}{\sqrt{C_{\mathrm{p}}\left(4L_{\mathrm{p}} - C_{\mathrm{p}}R_{\mathrm{p}}^2\right)}} \tag{2.15}$$

$$V_{\mathrm{b}} = -R_{\mathrm{p}}I_{\mathrm{p}} \tag{2.16}$$

$$\omega = \frac{\sqrt{C_{\mathrm{p}}\left(4L_{\mathrm{p}} - C_{\mathrm{p}}R_{\mathrm{p}}^2\right)}}{2C_{\mathrm{p}}L_{\mathrm{p}}} \fallingdotseq \frac{1}{\sqrt{C_{\mathrm{p}}L_{\mathrm{p}}}} \tag{2.17}$$

である。

式 (2.14) より，v_{ds} は $V_{out} + R_p I_p$ を収束値とする減衰振動であることがわかる。また，振動の角周波数 ω は，R_p を無視すれば，$\omega = \dfrac{1}{\sqrt{C_p L_p}}$ である。

なお，これらの式の導出過程は文献 (2) で紹介されている。

(3)　スイッチング時のパラメータの変化について

前記のように，モード 2-1 でチャンネル抵抗 R_{ch} は時間とともに増加するが，増加速度はゲート駆動条件や温度の影響を受けるので，簡単な式で表すことはできない。また，モード 2, 3, 4 での計算にはスイッチ素子の**寄生容量** C_p の値が必要であるが，この値は v_{ds} の値により大きく変化する。たとえば図 2.9 の測定にはスイッチ素子として FET を使用しているが，C_p は FET の C_{oss} に該当し，使用した FET では v_{ds} の 58 V から 0 V の変化に対応して C_{oss} は約 400 pF から約 10 000 pF まで変化する。v_{ds} の実測波形（図 2.9）によると，v_{ds} の振動の山の部分（図の A の部分）は変化が速いのに対し，谷の部分（図の B の部分）は変化が遅くなっている。あたかも，山の部分では共振周期が短く，谷の部分では共振周期が長くなっているように見える。これは C_p が山の部分では小さく，谷の部分では大きくなっていることが原因と考えられる。さらに，モード 3 とモード 4 の計算では，配線のインダクタンス成分 L_p と抵抗成分 R_p の値が必要であるが，これらの正確な測定も簡単ではない。

前節で導出した等価回路に成立する式により，ターンオフ時の動作に対する理解を深めることができる。しかし上記のように，スイッチングの過程で変化するパラメータや，同定が容易ではない定数があり，これらの式を使ってスイッチング時のスイッチ素子の電圧波形・電流波形を描画したり，スイッチング損失を正確に計算することは簡単ではない。

2.2　ソフトスイッチングの種類と定義

2.2.1　ソフトスイッチングの種類

次の条件で式 (2.2) を用いてターンオフ損失 P_{off} を計算すると，動作周波数 f が 20 kHz なら 4 W であるが，200 kHz なら 40 W と大きな値になる。

条件：$V_{off} = 400$ V，$I_{on} = 30$ A，$t_f = 0.1\,\mu s$

したがって，動作周波数を高くするにはスイッチング損失が深刻な問題となり，その対策のためにソフトスイッチングが必要となる。

　ハードスイッチングとソフトスイッチングのスイッチ素子の電圧・電流波形模式図を図 **2.12** に示す。図 (a) のハードスイッチングでは，ターンオフとターンオンのときに過渡的に電圧 v と電流 i の重なり期間があり，スイッチング損失が発生している。また，ハードスイッチングでは図のように v と i にサージ電圧とサージ電流が発生することが多い。図 (b) のソフトスイッチング（**電圧共振**）では，スイッチ素子の近傍にリアクトルとコンデンサを設けて共振させ，スイッチ素子の電圧 v の変化をゆるやかにしている。その結果ターンオン時とターンオフ時の v と i の重なりを解消してスイッチング損失を抑制している。図 (c) のソフトスイッチング（**電流共振**）では，共振を用いてスイッチ素子の電流 i の変化をゆるやかにしてスイッチング損失を抑制している。図 (d) のソフトスイッチング（**部分共振**）では，スイッチングの瞬間だけ部分的に共振現象を発生させる，という手法を用いて電圧と電流の重なりを無くしている。

　図 2.12(b) では，スイッチ素子の電圧 v の変化がゆるやかなので，スイッチ素子のターンオンおよびターンオフ時の電圧 v はほぼ0Vである。このようなスイッチングは **ZVS**（Zero Voltage Switching：**ゼロ電圧スイッチング**）と呼ばれる。一方，図 2.12(c) では，スイッチ素子の電流 i の変化がゆるやかなので，

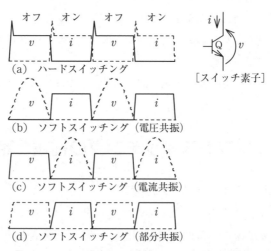

図 **2.12**　スイッチ素子の各種電圧・電流波形の模式図

スイッチ素子のターンオンおよびターンオフ時の電流 i はほぼ 0 A である。このようなスイッチングは **ZCS**（Zero Current Switching：**ゼロ電流スイッチング**）と呼ばれる。ZVS または ZCS を実現していることがソフトスイッチング成立の条件である。

2.2.2 ソフトスイッチングの定義

図 2.12(b) の電圧共振と図 (c) の電流共振では，電圧または電流が共振現象の結果正弦波状にゆるやかに変化しているので，ZVS または ZCS が成立しており，ソフトスイッチングを実現していることは明かであるが，図 (d) の部分共振では波形が図 (a) のハードスイッチングと類似しており，ソフトスイッチングを実現しているか否か不明確である場合も多い。そこで電気学会では図 2.1 のスイッチ素子の電圧・電流平面を使ってソフトスイッチングを明確に定義している [3]。電圧・電流平面において，スイッチ素子ターンオン時は動作点が OFF の位置から ON の位置に移動する。ターンオフ時はその逆に移動する。そこで，動作点の移動軌跡が図 2.1 の ON と OFF を直線で結んだ B より内側ならソフトスイッチング，外側ならハードスイッチングと定義している。たとえば，軌跡が C ならソフトスイッチング，A ならハードスイッチングである。

電圧・電流波形と電圧・電流動作点移動軌跡の関係を**図 2.13** に示す。図 (a) では電圧 v がゆるやかに立ち上がっているので軌跡は ON と OFF を結んだ破線より内側にありソフトスイッチングである。図 (b) では電圧 v の立上りが急峻であり，軌跡は破線の外側となりハードスイッチングである。図 (c) では電圧 v の立上りはゆるやかであるが，サージ電圧が発生しており，動作軌跡は破線を一部外側にはみ出している。ただし，電気学会の定義では多少のサージ電圧は許容している [3]。なお，前記のように図 2.3(a)，(b) の波形では図 2.1 の電圧電流平面の B の軌跡となり，ちょうどハードスイッチングとソフトスイッチングの境界にあたる。

スイッチ素子ターンオフ時の電圧・電流波形の実測例を**図 2.14** に示す。図 (a) では電流 i が十分減少する前に電圧 v が立ち上がっており，ハードスイッチングであることがわかる。図 (b) はソフトスイッチング（部分共振）の回路方式の波形であるが，電流 i の立下りに比べて電圧 v はゆるやかに立ち上がっており，動作点の移動軌跡は図 2.13(a) のように破線より内側にあることがわ

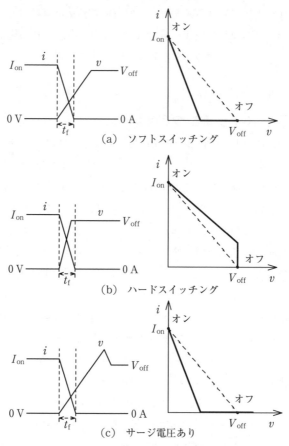

(a) ソフトスイッチング

(b) ハードスイッチング

(c) サージ電圧あり

図2.13　電圧 v，電流 i の波形と動作点移動軌跡

かる。ただし，電圧波形には若干のオーバシュートとその後の振動が見られるが，この程度のオーバシュートではソフトスイッチングと見なしている。なお，図2.14(a) は1石フォワード型 DC/DC コンバータの波形であり，i の立下りが遅いのは変圧器の漏れインダクタンスの影響である。図 (b) はアクティブクランプ方式1石フォワード型の波形であり，3.1 節で説明する部分共振の典型的なターンオフ波形となっている。

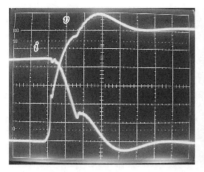 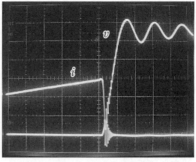

（a）　ハードスイッチング　　　　　　（b）　ソフトスイッチング

電圧 v：10 V/div　　電流 i：1 A/div　　時間：1 μs/div

図 2.14　スイッチ素子ターンオフ時の電圧・電流波形

2.3　ソフトスイッチングの実用化の動向

ソフトスイッチングにはスイッチング損失と高周波ノイズの抑制という大きな長所があるが，次のような短所も存在する。

・導通損失の増加　　・部品点数の増加　　・制御性の悪化

ソフトスイッチングでは L と C の共振現象を利用するので，共振電流による導通損失の増加が発生する。この損失がスイッチング損失の抑制分を上回る場合

表 2.1　ソフトスイッチングの得意分野と不得意分野

製品の種類	得意分野	不得意分野
DC/DC コンバータ	絶縁型 DC/DC コンバータ 絶縁型高力率コンバータ	非絶縁型 DC/DC コンバータ 非絶縁型高力率コンバータ
家電製品	電磁調理器，電子レンジ 非接触充電器	掃除機，洗濯機，冷蔵庫 エアコン
UPS	高周波トランス方式	トランスレス方式 商用トランス方式
連系インバータ	高周波トランス方式	トランスレス方式
電力/産業分野	誘導加熱，超音波洗浄機	モータ駆動用インバータ

は効率の向上は望めない。また，共振要素を追加するために部品点数が増加し，コストアップを招く傾向がある。さらに，共振の期間中はスイッチ素子をオン・オフできないので制御性の悪化を招きやすい。

このようにソフトスイッチングには長所と短所があるので，長所の重要性や短所の克服のしやすさによって，**表2.1** に示すように明確に得意分野と不得意分野が分かれている。各電気製品におけるソフトスイッチング普及状況は次の通りである。

＜ DC/DC コンバータ＞

絶縁形の DC/DC コンバータや絶縁形高力率コンバータでは，高周波変圧器の励磁インダクタンスと漏れインダクタンスを共振要素として利用でき，ソフトスイッチングの実現に伴う部品点数の増加を抑制できるので，ソフトスイッチングが広く使われている。逆に**非絶縁形**の DC/DC コンバータや高力率コンバータは高周波変圧器を持たないので，ソフトスイッチング実現のためには部品の追加が必要であり経済性が悪化するので，ソフトスイッチングは普及していない。

＜家電製品＞

電磁調理器は加熱コイルを共振要素として使用できるのでソフトスイッチングに適している。電子レンジは昇圧比が大きく結合率の悪い高周波変圧器を持つので，その漏れインダクタンスを共振要素に使用できる。非接触充電器は送電コイルと受電コイルを共振要素に使用できる。一方，掃除機，洗濯機，冷蔵庫，エアコンはモータ駆動用インバータが主要な電力変換装置であるが，インバータのソフトスイッチング実現には ARCP（Auxiliary Resonant Commutated Pole：補助共振転流ポール）などのように部品点数の多い補助回路が必要となり，実用化は進んでいない。

＜ UPS ＞

UPS の回路方式は，商用トランス方式 → 高周波トランス方式 → トランスレス方式と変遷している[4]。高周波トランス方式ではソフトスイッチングがよく用いられたが，トランスレス方式ではほとんど使用されていない。

＜連系インバータ＞

太陽光発電などに用いられる連系インバータは，開発の始まった頃は電力系統との絶縁が必要と考えられており，ソフトスイッチングを使った高周波トランス方式が開発された。しかし，資源エネルギー庁の系統連系技術要件ガイドライン

が整備され，絶縁不要となってからはトランスレス方式が主流となり，ソフトスイッチングはあまり使われなくなった。

＜電力/産業分野＞

　誘導加熱は家電製品の電磁調理器と同じ理由でソフトスイッチングが使われる。逆にモータ駆動用インバータは，家電製品の掃除機や洗濯機と同じ理由でソフトスイッチングはあまり使われない。超音波洗浄機は超音波発振器の容量成分を共振要素に使用することができ，ソフトスイッチングが使用される。

　各電気製品におけるソフトスイッチング普及の状況から，得意分野は次の二つにまとめられる。

　① 負荷を共振回路の一部として使用する装置
　　　→ 誘導加熱装置，超音波洗浄機，など
　② 高周波変圧器を用いる装置
　　　→ 絶縁型 DC/DC コンバータ，電子レンジ，絶縁型連系インバータ，など
　①と②に該当する分野では負荷や高周波変圧器を共振要素に使用することができ，ソフトスイッチング実現にともなう部品点数の増加を抑制することができる。①と②に該当しない分野でもソフトスイッチングの研究は盛んに行われており，多数のソフトスイッチングの回路方式が提案されているが，実用化は進んでいない。ソフトスイッチングの目的はスイッチング損失の抑制と高周波ノイズの低減であるが，そのためにはスナバ回路やノイズフィルタの強化，高性能スイッチ素子の採用，動作周波数の低減，配線径路の改善などソフトスイッチング以外の手段も有効である。①と②に該当しない分野では，多くの場合ソフトスイッチング以外の手段の方が相対的に有利となる。

3章 部 分 共 振

　1 章で説明しているように，電圧共振・電流共振には導通損失の増加や PWM 制御ができないなどの欠点がある。部分共振はこれらの欠点を克服するために開発されたソフトスイッチングの手法であり，1990 年代以降広く研究され，ソフトスイッチングの主流となっている。部分共振に関する研究報告は無数にあり，部分共振実現のために多くの方式が提案されている。しかし，広く実用化されて普及している方式は次節で動作原理を説明する方式一つだけなので，本書ではこの方式を部分共振定番方式と呼んでいる。本章ではまず部分共振定番方式を詳しく説明し，続けてこの方式を採用している四つの代表的な回路方式を説明する。なお，4.2 節で説明されている LLC コンバータは電流共振の回路方式であるが，ソフトスイッチングの原理は部分共振定番方式である。

3.1　部分共振定番方式の動作原理

3.1.1　ターンオフ時の動作

部分共振定番方式の動作原理を図 3.1〜3.3 に示す。図 **3.1** は，部分共振定番

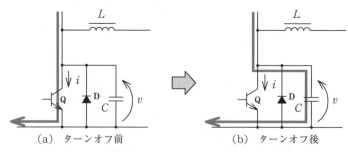

（a）ターンオフ前　　　　　（b）ターンオフ後

図 **3.1**　部分共振定番方式のターンオフ時の電流径路

方式を実現するためのスイッチ素子周辺の回路構成と，ターンオフ時の電流径路を示している。Q がターンオフすると Q を流れていた電流は C に転流し，C の充電に伴って Q の電圧 v が上昇する。このときの電流 i と電圧 v の波形を図 **3.2** に示す。C の容量が小さいときは図 (a) のように電圧 v はすぐに上昇しハードスイッチングとなる。C の容量が大きいときは図 (b) のように v はゆるやかに増加し，ソフトスイッチングとなる。たとえば，$I_{on} = 10\,A$，$V_{off} = 400\,V$，$C = 10\,nF$，とすると，v の立上り時間 t_r は次式のように計算される。

$$t_r = C \times E \div I = 400\ \text{ns} \tag{3.1}$$

FET の場合，電流 i の立下り時間 t_f は数 10 ns なので，t_r より十分短く，ZVS がほぼ成立しているとみなすことができる。

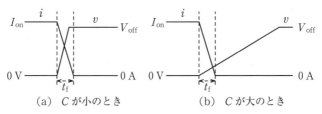

(a) C が小のとき (b) C が大のとき

図 3.2 *C* の容量と電圧・電流波形

C は Q の寄生容量または外付けコンデンサである。ソフトスイッチングの成否と C の容量の関係は I_{on} と V_{off} の大きさ，および電流 i の下降時間 t_f によって決まる。I_{on} が小，V_{off} が大，t_f が小であれば，C の容量は小さくてもソフトスイッチングを実現できる。スイッチ素子に FET を使用すると t_f は小さく寄生容量は大きいので外付けのコンデンサを設けなくてもソフトスイッチングを実現できる場合もある。

3.1.2 ターンオン時の動作

上記のようにターンオフ時のソフトスイッチングはコンデンサ C を設けるだけで容易に実現できる。しかし，その後スイッチ素子がターンオンするときには，C をスイッチ素子が短絡することになり，C に蓄積されたエネルギーがすべて電力損失となる。したがって，ターンオンの前に何らかの方法で C の電荷を引き抜き，C の電圧が 0 V になってから Q をターンオンさせる必要がある。そ

の方法を図 **3.3** に示す。(a)→(b)→(c) の一連の動作によってソフトスイッチングを実現する。

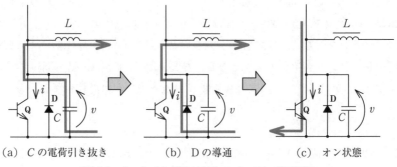

(a)　C の電荷引き抜き　　　(b)　D の導通　　　(c)　オン状態

図 **3.3**　ターンオン時のソフトスイッチングの原理

（a）　C の電荷引き抜き

スイッチ素子 Q の近傍にリアクトル L を配置し，Q がターンオンする前に何らかの方法で L に電流を流す。そして，L の定電流機能を使って C の電荷を引き抜く。

（b）　D の導通

C の電荷の引き抜きが完了すると，L の電流は C から D に転流する。この状態で Q をターンオンさせる。D の導通時は Q の電圧 v はほぼ 0V であり，Q のターンオンは ZVS となる。なお，スイッチ素子 Q に FET を使用する場合は D は FET の寄生ダイオードを利用できる。

（c）　オン状態

やがて L の電流は流れ終わり，通常のオン状態となる。

3.2 節以下で説明する四つの回路方式は，それぞれ独自の手法でこのような(a)→(b)→(c) の一連の動作を実行して部分共振定番方式のソフトスイッチングを実現している。

3.1.3　レグの転流動作

DC/DC コンバータでは，図 **3.4** に示すように電源 E と並列に二つまたはそれ以上のスイッチ素子が直列接続される場合が多い。このような二つまたはそれ以上のスイッチ素子およびその付属部品を**レグ**と呼ぶ。また，一つのスイッチ素子

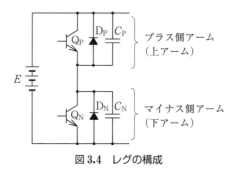

図3.4　レグの構成

とその付属部品を**アーム**と呼ぶ。

　スイッチ素子二つで構成されたレグでは，プラス側アームのスイッチ素子 Q_P とマイナス側アームのスイッチ素子 Q_N が短いデッドタイムを挟んで交互にオンオフする場合が多い。プラス側アームからマイナス側アームに転流する場合の電流径路を図 3.5 に示す。図のように，両アームの中間点にリアクトル L が接続される。動作モード1～3により ZVS が実現される。

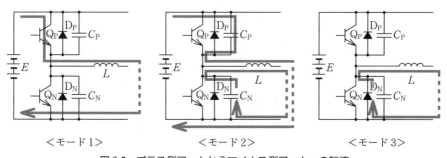

＜モード1＞ 　　　　　　＜モード2＞ 　　　　　　＜モード3＞

図3.5　プラス側アームからマイナス側アームへの転流

＜モード1＞

　モード1は Q_P がオンしている動作モードであり，Q_P を介して L に電流が流れ，L にエネルギーが蓄積されている。この状態で Q_P がターンオフしてモード2に移行する。C_P は図 3.1 の C と同じ役割を果たし，Q_P のターンオフは ZVS である。

＜モード2＞

　Q_P がターンオフしてもリアクトル L の電流はターンオフ前と同じ大きさで流

れ続ける。L の電流は Q_P から C_P と C_N に転流し，C_P を充電し，C_N を放電する。この充放電は L に蓄積されたエネルギーによって行われるので，充放電を完了させるためには次式の条件が必要である。

$$\frac{1}{2}LI^2 > \frac{1}{2}\left(C_P + C_N\right)E^2 \tag{3.2}$$

なお，I は Q ターンオフ直前の L の電流，E は電源電圧である。C_P と C_N の充放電が完了するとモード 3 に移行する。

＜モード 3＞

L の電流は C_N から D_N に転流する。この動作モードは図 3.3(b) の状態であり，このモードで Q が ZVS でターンオンする。

L のエネルギーが小さくて式 (3.2) を満足できない場合は C_P と C_N の充放電を完了できず，ソフトスイッチング失敗となる。マイナス側アームからプラス側アームに転流する場合の電流径路を**図 3.6** に示す。図 3.5 と同じ動作原理で Q_N のターンオフと Q_P のターンオンで ZVS が実現する。

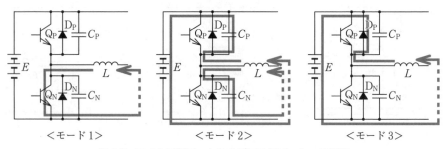

＜モード 1＞   ＜モード 2＞   ＜モード 3＞

図 3.6　マイナス側アームからプラス側アームへの転流

3.2　アクティブクランプ方式 1 石フォワード型 DC/DC コンバータ

3.2.1　アクティブクランプ方式 1 石フォワード型の概要

アクティブクランプ方式 1 石フォワード型 DC/DC コンバータは，通常の 1 石フォワード型 DC/DC コンバータに対して少数の部品を追加することにより，特

性の改善を期待できる回路方式である。スイッチ素子のソフトスイッチングを実現でき，スイッチング損失や高周波ノイズを抑制できる。さらにスイッチ素子の電圧・電流の大きさも抑制でき，効率の向上を期待できる。なお，通常の 1 石フォワード型 DC/DC コンバータの概要は文献 (1) の 4.2 節で説明されている。

　アクティブクランプ方式 1 石フォワード型 DC/DC コンバータの回路図と回路各部の記号を図 **3.7** に示す。電圧と電流は矢印の方向を正の方向と定義する。通常の 1 石フォワード方式 DC/DC コンバータ（図 **3.8**）に対して Q_2, C_2, D_2 から成る補助回路が追加されている。Q_2 に FET を使用する場合は，D_2 は FET の寄生ダイオードで代用できる。C_1 は Q_1 の寄生容量と外付けコンデンサ容量の和である。C_1 により図 3.1 の部分共振定番方式の ZVS ターンオフ動作を実現している。L_l は変圧器 TR の漏れインダクタンスである。補助回路と L_l により，

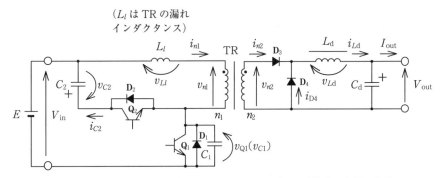

図 **3.7**　アクティブクランプ方式 1 石フォワード形の回路構成と各部の記号

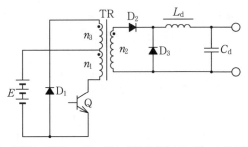

図 **3.8**　通常の 1 石フォワード方式 DC/DC コンバータの回路構成

図 3.3 の部分共振定番方式の ZVS ターンオン動作を実現している。同期整流を
用いた場合の 2 次側の回路構成を**図 3.9** に示す。

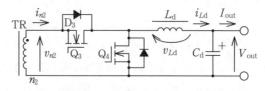

図 3.9　同期整流を用いた場合の 2 次側回路

図 3.10 に Q_1 と Q_2 のタイムチャートを示す。双方がオフとなる短い期間をは
さんで交互にオン・オフする。双方がオフとなる短い期間はデッドタイムと呼ば
れる。なお，図 3.10 では動作をわかりやすくするためにデッドタイムを実際よ
り長く描画している。Q_2 がオンしたときに変圧器 TR の 1 次巻線が C_2 の電圧
v_{C2} でクランプ（固定）されるので，**アクティブクランプ方式**と呼ばれている。
Q_2 は通常励磁電流しか流れないので小容量のスイッチ素子を用いる。Q_1 と Q_2
はともにソフトスイッチングを実現できる。

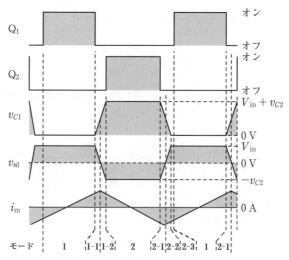

図 3.10　アクティブクランプ方式 1 石フォワード形の主要波形

3.2.2　動作モード

本 DC/DC コンバータの基本となる動作モードとそれぞれの電流径路を図 **3.11** に示す。基本動作モードはモード 1 とモード 2 の二つから成り、モード 1 では Q_1 がオンで Q_2 がオフ、モード 2 では Q_2 がオンで Q_1 がオフである。モード 1 とモード 2 ともに前半と後半で励磁電流の流れが逆転する。モード 1 からモード 2 に移行する過渡時に図 **3.12** に示す二つの動作モードが発生する。モード 2 からモード 1 に移行する過渡時に図 **3.13** に示す三つの動作モードが発生する。これら過渡時の動作モードによりスイッチ素子 Q_1 と Q_2 のソフトスイッチングが実現される。

なお、絶縁形 DC/DC コンバータでは変圧器の**励磁電流**が重要な役割を果たす。励磁電流は通常の電流（負荷電流）とは異なる性質を持つので両者をはっきり区別して検討する必要がある。そのため、本書では図 3.11〜3.13 のように励磁電流と負荷電流の電流径路を区別して表記している。なお、励磁電流の重要な性質や役割については文献 (1) の 3 章で詳しく説明されている。

本回路方式の主要波形を図 3.10 に示す。各動作モードの概要は次の通りである。過渡時の動作モードも含めて動作モードが発生する順番に説明する。

<**モード 1**：Q_1 がオン、Q_2 はオフ>

Q_1 がオンしているので負荷電流と励磁電流はともに Q_1 を流れている。D_3 が導通し、出力側に電力が伝達される。n_1 巻線には電圧 V_{in} が印加されているので励磁電流 i_m は増加する。このモードの前半は i_m は負、後半は正である。次式が成立する。なお、T は動作周期、α は Q_1 の通流率であり、$T\alpha$ はモード 1 の継続時間である。Δi_{Ld} と Δi_m はそれぞれこの動作モード期間中の i_{Ld} と i_m の変化量である。

$$v_{n1} = V_{in} \tag{3.3}$$

$$v_{Ld} = v_{n2} - V_{out} = \frac{n_2}{n_1}V_{in} - V_{out} \tag{3.4}$$

$$\Delta i_{Ld} = \frac{1}{L_d}v_{Ld}T\alpha = \frac{1}{L_d}\left(\frac{n_2}{n_1}V_{in} - V_{out}\right)T\alpha \tag{3.5}$$

$$\Delta i_m = \frac{1}{L_m}V_{in}T\alpha \tag{3.6}$$

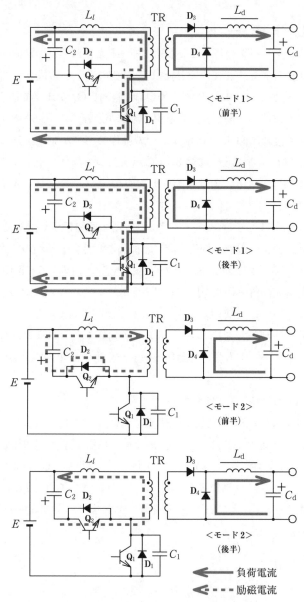

図 3.11　アクティブクランプ方式の基本動作モード

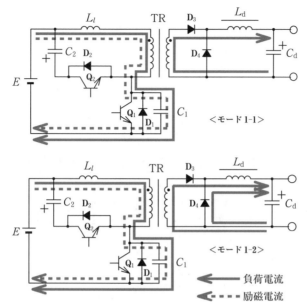

図 3.12　モード 1 から 2 過渡時の動作モード

Q_1 がターンオフして次のモードに移行する。このとき C_1 電圧は 0 V なので Q_1 のターンオフは ZVS である。

<モード 1-1：Q_1 と Q_2 ともにオフ>

Q_1 がターンオフしたので Q_1 に流れていた負荷電流・励磁電流はともに C_1 に転流し，C_1 電圧 v_{C1} は上昇する。$v_{n1} = V_{in} - v_{C1}$ なので v_{C1} が V_{in} を超えると v_{n1} は負となり v_{n2} も負となり D_4 が導通して次のモードに移行する。

<モード 1-2：Q_1 と Q_2 ともにオフ>

引き続き C_1 が充電され，v_{C1} は増加する。D_3 と D_4 がともに導通しているので $v_{n1} = v_{n2} = 0$ であり，変圧器の漏れインダクタンス L_l には $V_{in} - v_{C1}$ で与えられる負の電圧が印加される。その結果 n_1 巻線の負荷電流は急速に減少し，やがて 0A となり，n_1 巻線電流は励磁電流のみとなる。逆に D_4 電流が急速に増加し，やがて L_d 電流 i_{Ld} に達する。次式が成立する。なお，t はモード 1-2 開始からの経過時間である。

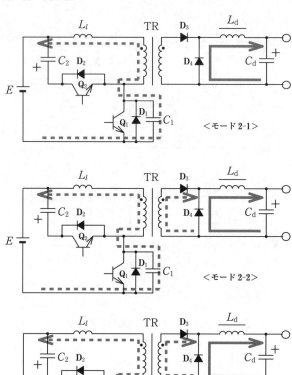

図 3.13 モード 2 から 1 へ移行する過渡時の動作モード

$$v_{Ll} = V_{in} - v_{C1} \tag{3.7}$$

$$i_{n1} = i_m + i_{Ld}\frac{n_2}{n_1} + \frac{1}{L_l}\int_0^t (V_{in} - v_{C1}(\tau))d\tau \tag{3.8}$$

$$i_{n2} = i_{Ld} + \frac{n_1}{n_2}\frac{1}{L_l}\int_0^t (V_{in} - v_{C1}(\tau))d\tau \tag{3.9}$$

$$i_{D4} = i_{Ld} - i_{n2} = \frac{n_1}{n_2}\frac{1}{L_l}\int_0^t (v_{C1}(\tau) - V_{in})d\tau \tag{3.10}$$

$$v_{C1} = V_{in} + \frac{1}{C_1}\int_0^t i_{nl}(\tau)\,d\tau \tag{3.11}$$

C_1 電圧が $V_{in} + v_{C2}$ に達すると D_2 が導通し，次のモードに移行する．なお，D_2 の導通により C_1 電圧（スイッチ素子 Q_1 の電圧に等しい）は $V_{in} + v_{C2}$ にクランプされ，それ以上上昇しない．

<モード 2：Q_1 はオフ，Q_2 はオフからオンへ>

D_2 が導通し，C_2 は励磁電流で充電される．Q_2 はこの期間にターンオンするので Q_2 のターンオンは ZVS である．n_1 巻線には C_2 電圧 v_{C2} が逆方向に印加され，この電圧でクランプされるので励磁電流は徐々に減少し，後半は負となる．次式が成立する．なお，T_2 はモード 2 の継続時間，Δi_m と i_{Ld} はそれぞれモード 2 期間中の i_m と i_{Ld} の変化量である．

$$\Delta i_m = -\frac{1}{L_m} v_{C2} T_2 \tag{3.12}$$

$$\Delta i_{Ld} = -\frac{1}{L_d} V_{out} T_2 \tag{3.13}$$

Q_2 がターンオフして次のモードに移行する．ターンオフ時の Q_2 電圧は 0 V なので ZVS である．

<モード 2-1：Q_1 と Q_2 ともにオフ>

Q_2 がターンオフしたので励磁電流は C_1 に転流し，「$C_1 \rightarrow n_1 \rightarrow L_l \rightarrow E \rightarrow C_1$」の径路で C_1 が放電し，v_{C1} は低下する．この期間，C_1 の電荷は電源 E に回生される．次式が成立する．なお，I_{m-} は励磁電流の負方向のピーク値，t は Q_2 ターンオフからの時間である．

$$v_{n1} = V_{in} - v_{C1} \tag{3.14}$$

$$v_{C1} = V_{in} + v_{C2} + \frac{1}{C_1} I_{m-} t \quad (\text{注：} I_{m-} \text{ は負の値}) \tag{3.15}$$

v_{C1} が V_{in} より小となり，v_{n1} が正となって次のモードに移行する．

<モード 2-2：Q_1 と Q_2 ともにオフ>

v_{n1} が正となると v_{n2} も正となり D_3 が順バイアスされて導通する．その結果励磁電流の一部は 2 次側に転流し，D_3 を通って出力側に供給される．C_1 の放電は 1 次側に残された励磁電流で継続する．D_3 と D_4 がともに導通するので $v_{n1} = v_{n2} = 0$ であり，変圧器の漏れインダクタンス L_l には $V_{in} - v_{C1}$ の電圧が正方向に印加され，負方向に流れている L_l 電流の大きさ $|i_{n1}|$ は急速に減少する．その結果 D_3 電流 i_{D3} は急速に増加し，次式が成立する．なお，t はモード

2-2 開始からの経過時間である。

$$i_{D3} = i_{n2} = \frac{n_1}{n_2}(i_{n1} - I_{m^-}) \tag{3.16}$$

$$i_{n1} = I_{m^-} + \frac{1}{L_l}\int_0^t v_{Ll}(\tau)d\tau \tag{3.17}$$

$$v_{Ll} = V_{in} - v_{C1} \tag{3.18}$$

$$v_{C1} = V_{in} + \frac{1}{C_1}\int_0^t i_{n1}(\tau)d\tau \quad (注：i_{n1} は負の値) \tag{3.19}$$

C_1 の放電が完了し，v_{C1} が 0 V となると励磁電流は C_1 から D_1 に転流してモード 2-3 に移行する。なお，このモードでは C_1 の放電に伴い v_{C1} が減少するが，同時に $|i_{n1}|$ も急速に減少する。C_1 の放電が完了する前に $|i_{n1}|$ が 0 A になるとその時点で C_1 の放電は中断され，モード 2-3 に移行できない。

＜モード 2-3：Q_1 はオフからオンへ，Q_2 はオフ＞

励磁電流が D_1 を通って流れている。Q_1 はこの期間にターンオンするので Q_1 のターンオンは ZVS である。次式が成立する。なお，t はモード 2-3 開始からの経過時間である。

$$
\begin{aligned}
i_{D3} = i_{n2} &= i_{n2}(0) + \frac{1}{L_l}v_{L_l}t\frac{n_1}{n_2} \\
&= i_{n2}(0) + \frac{1}{L_l}V_{in}t\frac{n_1}{n_2}
\end{aligned} \tag{3.20}
$$

$$
\begin{aligned}
i_{n1} &= i_{n1}(0) + \frac{1}{L_l}v_{L_l}t \\
&= i_{n1}(0) + \frac{1}{L_l}V_{in}t
\end{aligned} \tag{3.21}
$$

ただし，$i_{n1}(0)$ と $i_{n2}(0)$ はそれぞれ i_{n1} と i_{n2} の初期値である。

3.2.3　ソフトスイッチングの可否[5]

前節で説明したようにモード 2-2 で C_1 の放電が完了する前に L_l の電流が 0 A となるとモード 2-3 に移行できない。その場合 C_1 の電荷が残された状態で Q_1 がターンオンすることになり，ハードスイッチングとなる。その場合の実測波形を**図 3.14** に示す。図 (a) は全体の波形，図 (b) は Q_1 ターンオン時の拡大波形である。C_1 の放電に伴い V_{ds} が電源電圧の 24 V まで低下した時点で励磁電流の 2 次側への転流が始まっており，変圧器の 2 次巻線電流 i_{n2} が流れ始めている。V_{ds} が 20 V まで低下した時点で励磁電流が全て 2 次側に転流し，C_1 の放電は完

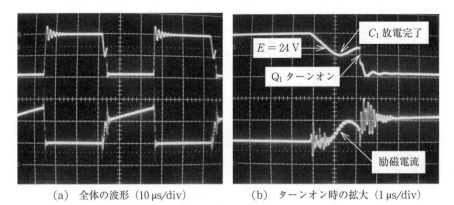

(a) 全体の波形（10 μs/div）　　　　(b) ターンオン時の拡大（1 μs/div）

上：Q_1 の V_{ds}（20 V/div）　下：i_{n2}（2 A/div）

図 3.14 ソフトスイッチング不成立時の波形

了している。その後 Q_1 がハードスイッチングでターンオンしている。

式 (3.16)～(3.19) から明かなように，C_1 の放電を完了させ，ZVS を実現させるためには次の条件が必要である。

① 励磁電流の負のピーク値の大きさ $|I_{m-}|$ が大であること。

② L_l が大であること。

③ C_1 が小であること。

C_1 に必要な大きさは Q_1 ターンオフ時の ZVS を実現するために決定されるので無制限に小さくすることはできない。また，$|I_{m-}|$ を大きくすると導通損失が増加し，L_l を大きくすると変圧器の発熱対策やノイズ対策に悪影響がある。したがって，ソフトスイッチング実現の可否はこれらの悪影響も含めて検討しなければならない。

3.2.4　ソフトスイッチングの成立条件

以上説明したように，Q_1 ターンオン時のソフトスイッチング成立のためにはモード 2-2 で L_l 電流が流れ終わるまでに C_1 の放電が完了する必要がある。そのための条件式を導出する。

モード 2-2 の等価回路を**図 3.15** に示す。モード 2-2 では D_3 と D_4 がともに導通しているので変圧器は短絡状態である。そこで，図 3.13 のモード 2-2 の図から変圧器を省略して短絡し，さらに Q_1 と Q_2 はともにオフしているので省略

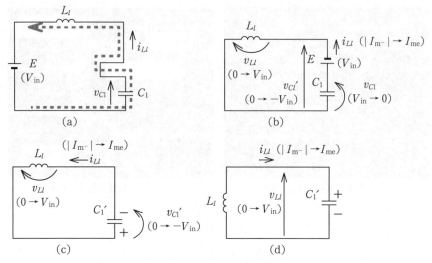

図3.15　モード2-2の等価回路

すると図3.15(a) を得る。図 (a) から電源 E と L_l を入れ替えて図 (b) を得る。モード2-2で C_1 の放電が完了した場合，C_1 電圧 v_{C1} は V_{in} から0まで変化する。$v_{Ll} = V_{\text{in}} - v_{C1}$ なので，v_{Ll} は0から V_{in} まで変化する。回路の電流 i_{Ll} は初期値 $|I_{\text{m-}}|$ から最終値 I_{me} まで変化すると考える。$|I_{\text{m-}}|$ はモード2-2開始時の励磁電流であり，負方向の励磁電流のピーク値に等しい。I_{me} はモード2-2終了時の i_{Ll} であり，$I_{\text{me}} > 0$ がソフトスイッチング成立の条件である。図 (b) において，C_1 と E を合わせた電圧 $v_{C1}{}'$ を考える。$v_{C1}{}' = v_{C1} - V_{\text{in}}$ なので，$v_{C1}{}'$ は0から $-V_{\text{in}}$ まで変化する。そこで，C_1 と E を合わせて C_1 の初期値を V_{in} だけ減じたコンデンサ $C_1{}'$ を考えると図 (c) の等価回路を得る。図 (c) を書き改めて図 (d) を得る。

　図 (d) から，モード2-2は初期電流 $|I_{\text{m-}}|$ を持つリアクトル L_l が初期電圧0 V のコンデンサ $C_1{}'$ にエネルギーを与える回路と等価であることがわかる。$C_1{}'$ の電圧が V_{in} に到達することがソフトスイッチングの条件である。よって，次式を得る。

$$\text{ソフトスイッチング成立条件：} \frac{1}{2}L_l|I_{\text{m-}}|^2 > \frac{1}{2}C_1 V_{\text{in}}^2 \qquad (3.22)$$

3.2.5 出力電圧 V_{out} と C_2 電圧 v_{C2} の導出

平滑リアクトル L_d の電流 i_{Ld} はモード1で増加し，増加量は式 (3.5) で与えられる。一方，モード2で減少し，式 (3.13) に $T_2 = T(1-\alpha)$ を代入して減少量 Δi_{Ld} は次式で与えられる。

$$\Delta i_{Ld} = -\frac{1}{L_d} V_{out} T(1-\alpha) \tag{3.23}$$

なお，モード1とモード2が切り換わる過渡時の動作モードの継続時間は十分短いので，これらの動作モードでは i_{Ld} の変化は無視してよい。定常状態では i_{Ld} の増加と減少の和は0なので

$$\frac{1}{L_d}\left(\frac{n_2}{n_1}V_{in} - V_{out}\right)T\alpha - \frac{1}{L_d}V_{out}T(1-\alpha) = 0 \tag{3.24}$$

$$\therefore V_{out} = \frac{n_2}{n_1}V_{in}\alpha \tag{3.25}$$

である。

励磁電流 i_m はモード1で増加し，増加量は式 (3.6) で与えられる。一方，モード2で減少し，式 (3.12) に $T_2 = T(1-\alpha)$ を代入して減少量 Δi_m は次式で与えられる。

$$\Delta i_m = -\frac{1}{L_m} v_{C2} T(1-\alpha) \tag{3.26}$$

定常状態では励磁電流の増加と減少の和は0なので

$$\frac{1}{L_m}V_{in}T\alpha - \frac{1}{L_m}v_{C2}T(1-\alpha) = 0 \tag{3.27}$$

$$\therefore v_{C2} = V_{in}\frac{\alpha}{1-\alpha} \tag{3.28}$$

である。

クランプ回路のバリエーションを図 **3.16** に示す。図 (a) はクランプコンデンサ C_2 をグランド側に移動したものである。この回路では v_{C2} は式 (3.28) に入力電圧 V_{in} を加算した電圧となる。図 (b) は図 (a) から C_2 と Q_2 を入れ替えた回路である。この回路では Q_2 が Q_1 と同じくローサイド駆動となり，駆動回路を合理的に設計できる。ただし Q_2 は図のように P チャネルの MOSFET，または PNP 型のバイポーラトランジスタを使用しなければならない。

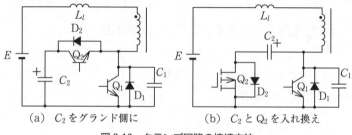

(a) C_2 をグランド側に　　　　　(b) C_2 と Q_2 を入れ換え

図 3.16　クランプ回路の接続方法

3.2.6　クランプ回路によるスイッチ素子の電圧・電流低減効果

アクティブクランプ方式は**クランプ回路**の特性により，スイッチ素子の電圧と電流を通常の 1 石フォワード型（図 3.8）より低減することができる。**表 3.1** の設計仕様を用いて双方のスイッチ素子の電圧と電流を計算して比較する。

表 3.1　設計仕様

入力電圧 V_{in}	36 V〜72 V
出力電圧 V_{out}	5 V 一定
出力電流 I_{out}	最大 20 A

通常の 1 石フォワード型回路では，スイッチ素子 Q への印加電圧は入力電圧の 2 倍となるので，Q の電圧の最大値 v_{Qmax} は $72\,\text{V} \times 2 = 144\,\text{V}$ となる。変圧比 n_1/n_2 は次式のように計算される。

$$V_{out} = V_{in} \times (n_2/n_1) \times \alpha \ \text{より}$$
$$変圧比 \ n_1/n_2 = V_{inmin} \div V_{out} \times \alpha_{max} = 36 \div 5 \times 0.45 = 3.24$$

(3.29)

$$若干の余裕を見て \ n_1/n_2 = 3$$

なお，α は Q の通流率で，最大値を 0.45 とする。

Q の電流 i_Q の最大値 i_{Qmax} は L_d 電流のピーク値を 1 次側に換算したものなので

$$i_{Qmax} = 20\,\mathrm{A} \times 1.1 \div 3 = 7.33\,\mathrm{A} \tag{3.30}$$

なお，L_d のリプル電流含有率は 20% とし，L_d 電流のピーク値は平均値の 1.1 倍とする。

アクティブクランプ方式では，スイッチ素子の電圧 v_{Q1} は次式のように計算される。

$$V_{out} = V_{in} \times (n_2/n_1) \times \alpha\ \text{より},\quad \alpha = (V_{out} \div V_{in}) \times (n_1/n_2)$$

$$v_{Q1} = V_{in} + v_{C2} \tag{3.31}$$

v_{C2} に式 (3.28) を代入して，$v_{Q1} = V_{in} + V_{in}\dfrac{\alpha}{1-\alpha} = V_{in}\dfrac{1}{1-\alpha}$

$\alpha = (V_{out} \div V_{in}) \times (n_1/n_2)$ を代入して

$$v_{Q1} = V_{in}\frac{1}{1 - (V_{out} \div V_{iN})(n_1 \div n_2)} \tag{3.32}$$

この式より，**図 3.17** のグラフを得る。

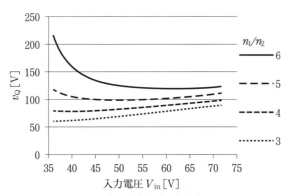

図 3.17 アクティブクランプ方式の v_Q の変化

アクティブクランプ方式では，v_Q は V_{in} と v_{C2} の合計になるが，V_{in} が増加すれば v_{C2} は減少するので，v_Q は図 3.17 のように変圧比によって最大値の現れる電圧が変化する。

$n_1/n_2 = 4$ を選択すると，v_Q は $V_{in} = 72\,\mathrm{V}$ のときに最大値 $100\,\mathrm{V}$

$n_1/n_2 = 5$ を選択すると，v_Q は $V_{in} = 36\,\mathrm{V}$ のときに最大値 $118\,\mathrm{V}$

i_{Qmax} は次のように計算される。

$$n_1/n_2 = 4 \text{ を選択すると, } i_{Qmax} = 20\,\text{A} \times 1.1 \div 4 = 5.5\,\text{A}$$

$$n_1/n_2 = 5 \text{ を選択すると, } i_{Qmax} = 20\,\text{A} \times 1.1 \div 5 = 4.4\,\text{A}$$

また，通流率の式 $\alpha = (V_{out} \div V_{in}) \times (n_1/n_2)$ から**図 3.18** のグラフを得る。$n_1/n_2 = 4$ を選択すると，α の最大値は 0.56，$n_1/n_2 = 5$ を選択すると 0.69 となる。

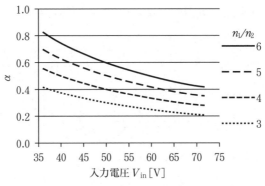

図 3.18 アクティブクランプ方式の α の変化

以上の計算結果のまとめを**表 3.2** に示す。アクティブクランプ方式はスイッチ素子の電圧，電流ともに通常の 1 石フォワード方式より有利となる。アクティブクランプ方式には変圧比の選択肢があり，v_{Qmax} と i_{Qmax} のどちらを優先するかで変圧比を選ぶことができる。また，通常の 1 石フォワード方式とは異なり，通流率を 0.5 以上にすることが可能であり，α の最大値は 0.6〜0.7 程度に設定することが多い。

表 3.2 計算結果のまとめ

	通常の1石フォワード	アクティブクランプ	アクティブクランプ
変圧比 n_1/n_2	3	4	5
$v_{Q_{max}}$	144 V	100 V	118 V
$i_{Q_{max}}$	7.33 A	5.5 A	4.4 A
α の最大値	0.45	0.56	0.69

3.2.7　アクティブクランプ方式の BH 曲線

　通常の 1 石フォワード方式の BH 曲線を図 **3.19**(a) に示す。この方式は片励磁なので，BH 曲線は大部分が第 1 象限に存在する。詳細は文献 (1) の 4.3.4(4) 項で説明されている。一方，アクティブクランプ方式では，図 3.10 に示したように励磁電流 i_m が正負対称の波形となるので，図 3.19(b) に示すように磁界 H（磁界 H = 励磁電流 i_m × 巻き数 n_1 ÷ 磁路長）が正負均等に変化し，BH 曲線は第 1 象限と第 3 象限に均等に存在する。i_m が正負対称の波形となるのは次のように i_m がクランプコンデンサ C_2 の電圧 v_{C2} に与える**負帰還機能**によるものである。

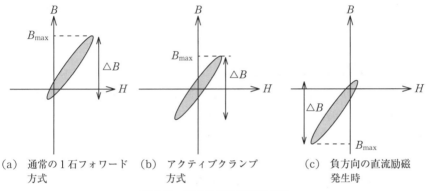

（a）　通常の 1 石フォワード　（b）　アクティブクランプ　（c）　負方向の直流励磁
　　　方式　　　　　　　　　　　　　方式　　　　　　　　　　　　　発生時

図 3.19　BH 曲線の相違模式図

　図 3.20 に示すように，i_m が正方向に**偏磁**して正方向の直流成分が存在する場合を考える。

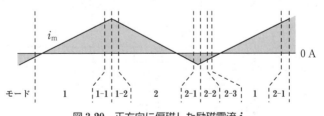

図 3.20　正方向に偏磁した励磁電流 i_m

　図 3.11 に示したように，クランプコンデンサ C_2 はモード 2 において正方向の i_m で充電され，負方向の i_m で放電される。したがって，i_m に正方向の直流成

分が存在すると C_2 は「充電電荷 > 放電電荷」となり, C_2 の電圧 v_{C2} は増加する。図 3.10 に示したように, 変圧器の 1 次巻線電圧 v_{n1} はモード 1 で V_{in} となり正方向に励磁され, モード 2 で $-v_{C2}$ となり, 負方向に励磁される。したがって, v_{C2} が増加すると負方向の励磁が大きくなり, 励磁電流 i_m は負方向に移動する。以上をまとめると次のような負帰還動作となる。

「i_m が正方向に偏磁 → v_{C2} 増加 → 変圧器の励磁が負方向に増加 → i_m が負方向に移動」

逆に, i_m が負方向に偏磁した場合は次のように動作する。

「i_m が負方向に偏磁 → v_{C2} 減少 → 変圧器の励磁が正方向に増加 → i_m が正方向に移動」

　このように, i_m に備わる負帰還機能の結果, i_m は図 3.10 のように偏磁のない正負対称の波形となる。

3.2.8　同期整流の駆動回路

　同期整流を用いた 1 石フォワード方式の回路構成を図 3.21 に示す。同期整流用 FET の Q_2, Q_3 にはいろいろな駆動方法があるが, 最も簡単な駆動方法は図のように変圧器 TR の 2 次巻線電圧を直接 FET のゲートに与える方法である。TR の巻線電圧が正のときは Q_2 がオンし, 負のときは Q_3 がオンする。1 石フォワード方式の変圧器巻線電圧波形を図 3.22 に示す。Q_1 がオンのときは, v_{n1} は正となり Q_2 が導通する。Q_1 がオフのときは, モード 2 では v_{n1} が負となり Q_3 がオンするが, モード 3 と 4 では v_{n1} が小さくなってしまい, FET をオンさせることができない。なお, 1 石フォワード型の動作モードと変圧器の電圧波形については文献 (1) の 3.3.1 項「1 石フォワード方式 DC/DC コンバータの動作」

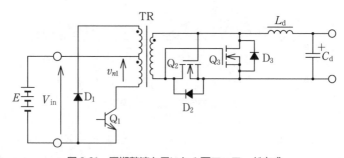

図 3.21　同期整流を用いた 1 石フォワード方式

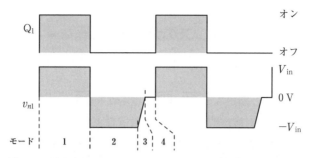

図 3.22　通常の 1 石フォワード方式の変圧器 1 次巻線の電圧波形

で詳しく解説されている。

　2 次巻線で同期整流回路を駆動するアクティブクランプ方式の回路構成を図
3.23 に示す。アクティブクランプ方式の変圧器巻線電圧波形を図 **3.24** に示す。
通常の 1 石フォワード方式とは異なり，Q_1 がオフの間は変圧器の 1 次巻線には
クランプコンデンサ C_2 の電圧が負方向に印加され，$v_{n1} = -v_{C2}$ となる。したが
って，Q_1 のオフ期間全体で Q_4 はオンを継続できる。このように，アクティブク
ランプ方式は同期整流の使用に便利な回路方式である。

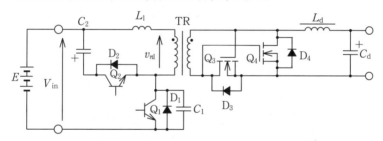

図 3.23　2 次巻線で同期整流回路を駆動するアクティブクランプ方式

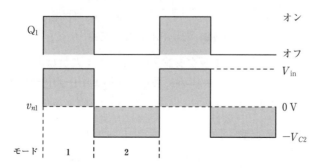

図 3.24　アクティブクランプ方式の変圧器巻線電圧

3.2.9 漏れインダクタンスの大きさと動作モードの変化

Q_1 ターンオフ時，3.2.2 項のモード 1-1 と 1-2 で説明したように，ターンオフ直後から C_1 が充電され，C_1 電圧 v_{C1} は 0 V から $V_{in} + v_{C2}$ まで上昇する。モード 1-1 では負荷電流と励磁電流で急速に充電される。モード 1-2 では，初めは負荷電流と励磁電流で急速に充電されるが，負荷電流は急速に減少してすぐに 0 A となり，その後は励磁電流 i_m のみで充電される。負荷電流は n_1 巻線電流 i_{n1} から i_m を除いたものなので，式 (3.8) を変形して次式で表される。

$$負荷電流 = i_{n1} - i_m = i_{Ld}\frac{n_2}{n_1} + \frac{1}{L_l}\int_0^t (V_{in} - v_{C1}(\tau))\,d\tau$$

$$(3.33)$$

モード 1-2 では $V_{in} < v_{C1}$ なので式 (3.33) の右辺第 2 項は負であり，時間 t の経過と共に負荷電流は急速に減少する。しかし，i_{Ld} が大きく，かつ漏れインダクタンス L_l が大きいときは，負荷電流が 0 A になる前に v_{C1} が $V_{in} + v_{C2}$ に達する。この場合は C_2 が励磁電流と負荷電流の双方で充電されることになり，これをモード 1-3 とする。図 3.25 にモード 1-3 の電流経路を示す。

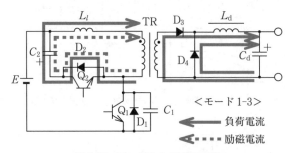

図 3.25 モード 1-3 の電流経路

i_{Ld} が大きく，かつ漏れインダクタンス L_l が大きいことは，L_l のエネルギーが大きいことを意味している。L_l のエネルギーの大小に応じて動作モードの遷移は次のように変化する。

L_l のエネルギー小のとき：モード 1 → 1-1 → 1-2 → 2

L_l のエネルギー大のとき：モード 1 → 1-1 → 1-2 → 1-3 → 2

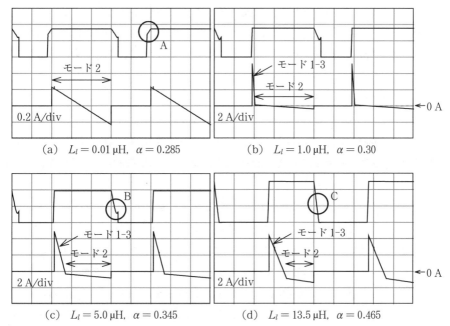

(a) $L_l = 0.01\,\mu\mathrm{H},\ \alpha = 0.285$ (b) $L_l = 1.0\,\mu\mathrm{H},\ \alpha = 0.30$

(c) $L_l = 5.0\,\mu\mathrm{H},\ \alpha = 0.345$ (d) $L_l = 13.5\,\mu\mathrm{H},\ \alpha = 0.465$

図 3.26　シミュレーション波形（上：Q_1 の V_{ds} 20 V/div，下：C_2 充電電流 i_{C2}）

L_l のインダクタンスを変化させたときのシミュレーション波形の変化を図 **3.26** に示す。シミュレーションの条件を**表 3.3** に示す。出力電圧が 5.0 V の定電圧を保つように Q_1 の通流率 α を調整している。

図 3.26(a) は L_l が小さいときの波形である。L_l のエネルギーが小さいので，

表 3.3　シミュレーションと実験の条件

入力電圧 V_{in} [V]	24
出力電圧 V_{out} [V]	5.0
出力電流 I_{out} [A]	7.0
動作周波数 f [kHz]	64.7
デッドタイム DT [%]	7
励磁インダクタンス L_{m} [μH]	211
C_1 [nF]	20.9
変圧比 n_1/n_2	20/15

モード 1-2 で n_1 巻線の負荷電流は流れ終わり，モード 1-3 は現れていない。A の部分で Q_1 の V_{ds} の上昇速度が変化しているが，これは負荷電流が流れ終わり，C_1 の充電が励磁電流のみで行われるようになったので，充電速度が低下したためである。モード 2 では小さな励磁電流だけで C_2 が充放電されており，充電と放電のピーク値の大きさは等しい。

図 (b) は L_l がやや大きい（1.0 μH）ときの波形である。C_2 充電電流 i_{C2} に大きなサージ電流が現れているが，これはモード 1-3 で大きな負荷電流で C_2 が充電されていることを示している。負荷電流はすぐに流れ終わり，励磁電流のみで充電されるモード 2 に移行している。

図 (c) は L_l が大きい（5.0 μH）ときの波形である。図 (b) よりモード 1-3 の継続時間が大きくなっている。また，B の部分では Q_1 の V_{ds} の立下りが途中で一度中断されている。これは励磁電流による C_1 の電荷の引抜きが完了しなかったことを意味しており，Q_1 のターンオンはハードスイッチングになっている。なお，図 (a) と図 (b) でも Q_1 のターンオンはハードスイッチングである。

図 (d) は L_l がさらに大きい（13.5 μH）ときの波形である。モード 1-3 の継続時間は図 (c) よりさらに長くなっている。また，C の部分の波形から Q_1 の V_{ds} が 0 V まで低下しており，励磁電流による C_1 の電荷の引き抜きが完了していることがわかる。したがって，Q_1 のターンオンではソフトスイッチング（ZVS）が実現されている。**図 3.27** は図 3.26(d) と同じ動作条件での実測波形である。シミュレーション波形とほぼ同じ波形となっている。

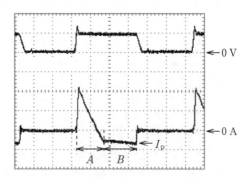

（A はモード 1-3，B はモード 2，I_p は負方向の
励磁電流のピーク値（−1.5 A））

図 3.27 実測波形（上：Q_1 の V_{ds} 50 V/div，下：C_2 充電電流 i_{C2} 2 A/div）

以上のシミュレーション波形と実測波形から，ZVS を実現するには漏れインダクタンス L_l をかなり大きな値にしなければならないこと，その場合はモード1-3 が発生することがわかる。

図 3.28 に図 3.26(b)（$L_l = 1.0\,\mu\mathrm{H}$）の Q_1 ターンオフ時の拡大波形を示す。次のように，モード1からモード2に切り換わる過渡時の動作を詳しく確認することができる。

・Q_1 ターンオフ後，C_1 が充電されて Q_1 の V_ds（v_{C1}）が上昇する（モード1-1）。

・V_ds が V_in（電源電圧 24 V）まで上昇すると D_4 が導通を開始してモード1-2に移行する。

・V_ds が $V_\mathrm{in} + v_{C2}$（今回は 35.4 V）まで上昇すると D_2 が導通して C_2 の充電電流 i_{C2} が流れ始め，モード1-3が始まる。

・モード1-3では，L_l に C_2 電圧（11.4 V）が負方向に印加され，C_2 の充電電流 i_{C2} が急速に減少する。i_{C2} の減少と同時に D_3 電流が減少し，D_4 電流が増加する。

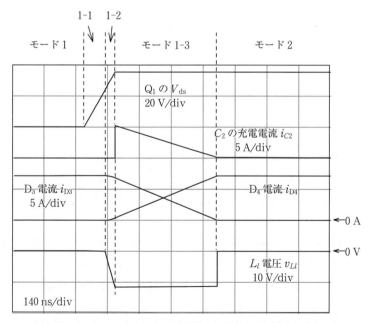

図 3.28　Q_1 ターンオフ時の波形（図 3.26(b) と同じ動作条件にて）

・L_l の負荷電流（C_2 の大きな充電電流）が流れ終わって小さな励磁電流のみとなり，モード2が始まる。

3.2.10　負方向の直流励磁

図 **3.29** に C_2 充電電流 i_{C2}，励磁電流 i_m，1次巻線電圧 v_{n1} の波形の模式図を示す。図 (a) は，漏れインダクタンスのエネルギーが小さいときの波形である。図 3.26(a) のシミュレーション波形に相当する。モード2でクランプコンデンサ C_2 が充放電されるが，励磁電流 i_m のみで充放電されている。i_m は正負対称の波形なので，C_2 の充電電荷と放電電荷は均衡している。

図 (b) は，漏れインダクタンス L_l のエネルギーが大きくなったときの波形である。モード 1-2 終了後も L_l のエネルギーは残っており，モード 1-3 が発生している。たとえば，負荷電流が急増した場合は回路の動作は図 (a) から図 (b) に変化する。図 (b) ではモード 1-3 において負荷電流が励磁電流に加算されて C_2 を充電する。したがって，充電電荷は放電電荷より大きく，C_2 電圧 v_{C2} は上昇する。v_{C2} が上昇して v_{C2}' になると，図 3.29(b) に示したように，変圧器の1次巻線電圧 v_{n1} の負方向の面積が増加する。その結果励磁電流は負方向に増加し，図 (c) に示すように C_2 の充電電流 i_{C2} は正負の面積が均衡した状態になる。つまり，L_l を流れる負荷電流が加算されて正方向の面積が増加した量と同じだけ，負方向の直流励磁により負方向の面積が増加する。この状態は次のような負帰還機能が働いていると考えられる。

C_2 の充電量増加 → 励磁電流負方向に偏磁 → C_2 の放電増加 → C_2 の充放電バランス

逆に，負荷が急減するなどして，L_l のエネルギーが減少してモード 1-3 による C_2 の充電量が減少した場合は，次のような負帰還機能が働く。

C_2 の充電量減少 → 励磁電流負方向の偏磁減少 → C_2 の放電減少 → C_2 の充放電バランス

このように，アクティブクランプ方式では，漏れインダクタンスの影響が無視できない場合は励磁電流に負方向の直流成分が発生する。直流成分の値は，漏れインダクタンスの影響とちょうど釣り合うように負帰還機能が働いて決定される。図 3.26(b) から，モード2では正方向（充電）の面積より負方向（放電）の面積が少し大きくなっていることがわかる。負方向に広くなった量がモード 1-3

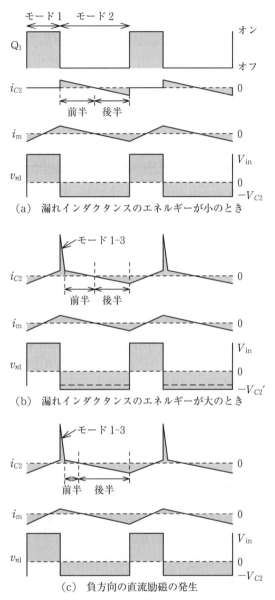

（a）漏れインダクタンスのエネルギーが小のとき

（b）漏れインダクタンスのエネルギーが大のとき

（c）負方向の直流励磁の発生

図 3.29 C_2 充電電流 i_{C2}，励磁電流 i_{m}，1 次巻線電圧 v_{n1} の波形

の面積（充電）と釣り合っている．図 3.26(c) と (d) ではモード 1-3 での充電電荷が大変大きいので，励磁電流は常に負であり，モード 2 の期間全体で C_2 を放電している．

　励磁電流の負方向の直流成分の存在は変圧器が負に偏磁していることを意味しており，変圧器の設計に影響を与える．例えば図 3.27 の実測波形では負方向の励磁電流のピーク値 I_p が $-1.5\,\mathrm{A}$ であり，この状態で変圧器が飽和しないように設計する必要がある．図 3.19 の BH 曲線に示したように，通常のフォワード方式は，片励磁なので図 (a) のように正方向に大きく偏磁するが，アクティブクランプ方式は 3.2.7 項で説明したように図 (b) のようになり，$B_{\max}$ を抑制できる．しかし，以上のような漏れインダクタンスを原因とする負方向の偏磁が発生した場合，BH 曲線は図 (c) のようになり，$|B_{\max}|$ は必ずしも抑制できない．

　負方向の直流励磁の大きさは漏れインダクタンスのエネルギーで決まる．インダクタンスのエネルギーは $(1/2)LI^2$ なので L と I の大きさで決まる．I はモード 1 終了時の変圧器 1 次巻線の電流である．I は与えられた仕様で決まるので，直流励磁を減らすには漏れインダクタンスを減らすしか方法はない．しかし，漏れインダクタンスを減らすとソフトスイッチングできる領域が減少する [5]．このトレードオフ関係を解消するには，次項で説明するような特別な方法が必要である．

3.2.11　2 次側短絡法によるソフトスイッチングの改善

　3.2.3 項で説明したように，ターンオン時のソフトスイッチングを実現するためには励磁電流を大きくする必要がある．しかし，励磁電流を大きくすれば導通損失が増加する．漏れインダクタンスを大きくすれば，励磁電流をあまり大きくしなくてもソフトスイッチングを実現できるが，前節で説明したような負方向の直流励磁などの弊害が発生する．同期整流回路を用いたアクティブクランプ方式の 2 次側の回路構成を図 3.9 に示した．この回路構成の場合は，変圧器の 2 次側を短絡する動作モードを作ることにより，励磁電流を大きくしなくてもソフトスイッチングを実現できる．

　同期整流を用いた場合のスイッチ素子のタイムチャートを**図 3.30** に示す．通常の制御方法では，整流ダイオードの役割を果たす FET の Q_3 は Q_1 と同時にオン・オフさせる．2 次側短絡法の Q_3 のターンオンのタイミングを図 3.30 に破線

で示す。Q_3 のターンオンを少し早くして Q_2 と同時にオンする動作モードを設ける。この動作モードをモード 2' とし,このモードの電流経路を図 **3.31** に示す。Q_3 と Q_4 で変圧器の 2 次側が短絡されるので,C_2 を電源として 1 次巻線と 2 次巻線の電流が急速に増加する。1 次巻線電流の増加量 ΔI は次式で表される。

$$\Delta I = \frac{1}{L_l} v_{C2} \Delta T \tag{3.34}$$

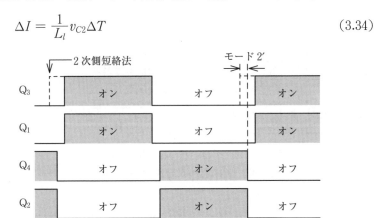

図 **3.30** 2 次側短絡法のタイムチャート

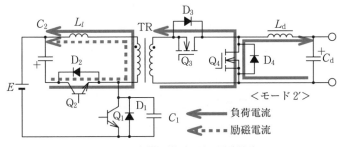

図 **3.31** 2 次側短絡モードの電流経路

なお,ΔT は短絡時間である。この状態で Q_2 をターンオフさせれば,十分大きな電流で C_1 の電荷を引き抜くことができ,励磁電流が小さくても電荷の引き抜きを完了させることができる[6]。

3.3 位相シフトフルブリッジ方式 DC/DC コンバータ

3.3.1 位相シフトフルブリッジ方式の概要

位相シフトフルブリッジ方式 DC/DC コンバータは,大きな容量を扱うことが

できると同時にソフトスイッチングを実現できるので，広く用いられている．フルブリッジ方式 DC/DC コンバータの回路構成と各部の記号を図 **3.32** に示す．電圧と電流は矢印の方向を正の方向と定義する．スイッチ素子 Q_1〜Q_4 に FET

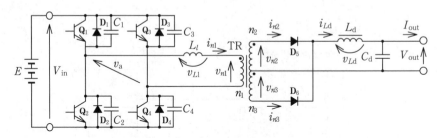

（L_l は漏れインダクタンス，C_1〜C_4 は Q_1〜Q_4 の寄生容量またはスナバコンデンサ）

図 **3.32**　フルブリッジ方式 **DC/DC** コンバータ

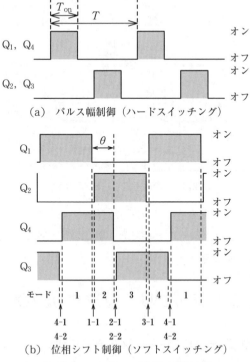

（a）パルス幅制御（ハードスイッチング）

（b）位相シフト制御（ソフトスイッチング）

図 **3.33**　フルブリッジ方式の制御方法

を使用する場合はダイオード $D_1 \sim D_4$ は FET の寄生ダイオードで代用できる。$Q_1 \sim Q_4$ の制御方法には 2 種類の方法があり，それぞれを**図 3.33** に示す。図 (a) は，Q_1 と Q_4 および Q_2 と Q_3 をそれぞれ同時にオン・オフさせる方法であり，そのオン時間 T_{on} を変化させるので**パルス幅制御**である。この制御方法ではスイッチ素子はハードスイッチングとなる。

図 (b) は，Q_1 と Q_2 および Q_3 と Q_4 をそれぞれ短いデッドタイムを挟んで互い違いにオン・オフさせている。Q_1 と Q_2 の組，および Q_3 と Q_4 の組の間にオン・オフ動作の位相差（位相シフト）を設けるので**位相シフト制御**と呼ばれている。図 (b) では位相差を θ で表している。θ を変化させることにより，出力電圧 V_{out} を制御することができる。位相シフト制御ではスイッチ素子のソフトスイッチングを実現することができる。本書では図 (b) の位相シフト制御について詳しく説明する。図 (a) のパルス幅制御は文献 (1) の 4.3.1 項で詳しく説明されている。

3.3.2 基本動作モード

図 3.33(b) に示したように四つのスイッチ素子のオン・オフに応じて，モード 1, 2, 3, 4 の四つの動作モードが生じ，それぞれの動作モードの間に短時間の過渡的な動作モードが発生する。まず，基本となる四つの動作モードを説明する。各動作モードの電流径路を**図 3.34** に示し，主要な波形を**図 3.35** に示す。この回路方式では励磁電流は基本的な動作には影響を与えないので，図 3.34 では励磁電流は無視して負荷電流だけの電流径路を示している。なお，以下の動作モードの説明において，T_1, T_2, T_3, T_4 はそれぞれモード 1, 2, 3, 4 の継続時間，Δi_{Ld} は各動作モードでの平滑リアクトル L_d の電流変化量を示す。部品記号と電圧・電流の記号は図 3.32 による。

＜モード 1：Q_1 と Q_4 がオン＞伝達モード

Q_1 と Q_4 がオンし，変圧器 1 次巻線 n_1 に電源電圧が印加されている。D_5 が導通し，出力側に電力が伝達されているので**伝達モード**と呼ぶ。次式が成立する。

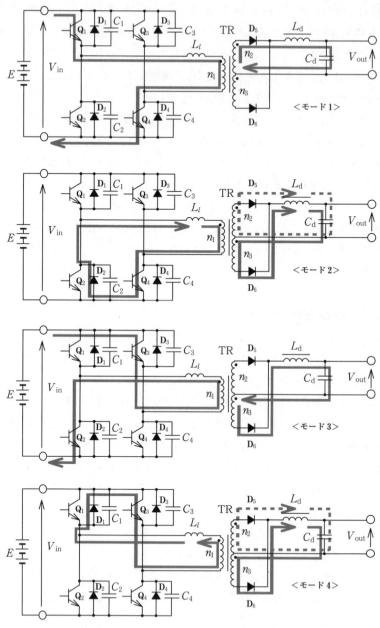

図 3.34 位相シフトフルブリッジ方式の基本動作モードの電流径路

$$v_{n1} = V_{\text{in}} \tag{3.35}$$

$$v_{Ld} = \frac{n_2}{n_1} V_{\text{in}} - V_{\text{out}} \tag{3.36}$$

$$\Delta i_{Ld} = \frac{1}{L_d} v_{Ld} T_1 = \frac{1}{L_d} \left(\frac{n_2}{n_1} V_{\text{in}} - V_{\text{out}} \right) T_1 \tag{3.37}$$

Q_1 がオフし，Q_2 がオンして次のモードに移行する。

＜モード2：Q_2 と Q_4 がオン＞環流モード

変圧器 TR の漏れインダクタンス L_l に蓄積されたエネルギーにより，1次巻線電流 i_{n1} が「$L_l \rightarrow n_1 \rightarrow Q_4 \rightarrow D_2 \rightarrow L_l$」の径路で環流するので，**環流モード**と呼ぶ。平滑リアクトル L_d の電流は n_2 巻線と n_3 巻線双方を流れ，D_5 と D_6 はともに導通する。L_d には出力電圧 V_{out} が逆方向に印加され，L_d 電流は徐々に減少する。漏れインダクタンス L_l には変圧器の巻線抵抗および Q_4 と D_2 による電圧降下 v_{f} が逆方向に印加されるので，1次側の環流電流 i_{n1} も徐々に減少する。スイッチ素子に FET を使用した場合は D_2 電流は Q_2 にも流れ，電圧降下を抑制できる。i_{n1} の減少に伴い n_2 巻線電流 i_{n2} が減少し，n_3 巻線電流 i_{n3} が増加し，次式が成立する。

$$v_{Ll} = -v_{\text{f}} \tag{3.38}$$

$$i_{n1} = I_1 + \frac{1}{L_l} \int_0^t v_{Ll}(\tau)\, d\tau \quad （注：v_{Ll}(\tau) は負の値） \tag{3.39}$$

$$\Delta i_{Ld} = \frac{1}{L_d} v_{Ld} T_2 = \frac{1}{L_d} (-V_{\text{out}}) T_2 \tag{3.40}$$

$$i_{Ld} = i_{n2} + i_{n3} \tag{3.41}$$

$$i_{n1} = \frac{n_2}{n_1} (i_{n2} - i_{n3}) \tag{3.42}$$

なお，I_1 はモード1終了時点の n_1 巻線電流，t はモード2開始からの経過時間である。

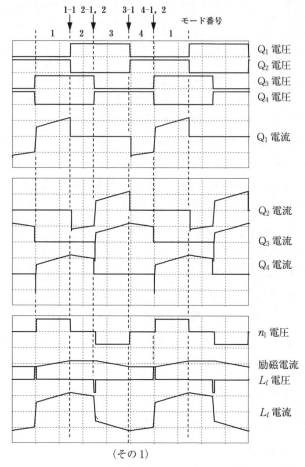

（その1）

図 3.35 位相シフトフルブリ

＜モード3：Q_2 と Q_3 がオン＞伝達モード

Q_2，Q_3 がオンし，変圧器1次巻線に電源電圧が負方向に印加されている。D_6 が導通し，出力側に電力が伝達されている。次式が成立する。

$$v_{n1} = -V_{\text{in}} \tag{3.43}$$

$$v_{L\text{d}} = \frac{n_2}{n_1} V_{\text{in}} - V_{\text{out}} \tag{3.44}$$

$$\Delta i_{L\text{d}} = \frac{1}{L_{\text{d}}} v_{L\text{d}} T_3 = \frac{1}{L_{\text{d}}} \left(\frac{n_2}{n_1} V_{\text{in}} - V_{\text{out}} \right) T_3 \tag{3.45}$$

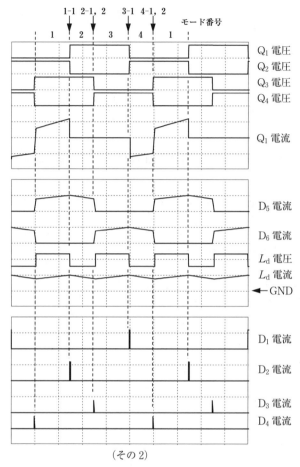

（その 2）

ッジ方式の主要波形

　Q$_2$ がオフし，Q$_1$ がオンして次のモードに移行する。

＜モード 4：Q$_1$ と Q$_3$ がオン＞環流モード

　変圧器 TR の漏れインダクタンス L_l に蓄積されたエネルギーにより，1 次巻線電流 i_{n1} が「$L_l \rightarrow$ D$_1$ $\rightarrow$ Q$_3$ $\rightarrow n_1 \rightarrow L_l$」の径路で環流する。2 次側の電流径路はモード 2 と同じである。漏れインダクタンス L_l には，モード 2 と同様に，変圧器の巻線抵抗および D$_1$ と Q$_3$ による電圧降下（v_f とする）が逆方向に印加されるので，1 次側の環流電流 i_{n1} は徐々に減少する。i_{n1} の減少に伴い n_3 巻線電流 i_{n3} が減少し，n_2 巻線電流 i_{n2} が増加する。次式が成立する。なお，I_3 は

モード3終了時点の n_1 巻線電流，t はモード4開始からの経過時間である。

$$v_{Ll} = v_{\mathrm{f}} \tag{3.46}$$

$$i_{n1} = I_3 - \frac{1}{L_l} \int_0^t v_{Ll}(\tau)\,d\tau \quad (\text{注}：I_3\text{ は負の値}) \tag{3.47}$$

$$\Delta i_{L\mathrm{d}} = \frac{1}{L_{\mathrm{d}}} v_{L\mathrm{d}} T_4 = \frac{1}{L_{\mathrm{d}}}(-V_{\mathrm{out}})T_4 \tag{3.48}$$

$$i_{L\mathrm{d}} = i_{n2} + i_{n3} \tag{3.49}$$

$$i_{n1} = \frac{n_2}{n_1}(i_{n2} - i_{n3}) \quad (\text{注}：i_{n1}\text{ は負の値}) \tag{3.50}$$

3.3.3　出力電圧 V_{out} 計算式の導出

平滑リアクトルの電流 $i_{L\mathrm{d}}$ は伝達モードで増加し，環流モードで減少する。定常状態ではその和は 0 A なので

$$\frac{1}{L_{\mathrm{d}}}\left(\frac{n_2}{n_1} V_{\mathrm{in}} - V_{\mathrm{out}}\right)T_1 + \frac{1}{L_{\mathrm{d}}}(-V_{\mathrm{out}})T_2 = 0 \tag{3.51}$$

$$\therefore V_{\mathrm{out}} = \frac{n_2}{n_1} V_{\mathrm{in}} \frac{T_1}{T_1 + T_2} \tag{3.52}$$

$\dfrac{T_1}{T_1 + T_2}$ は1周期に占める伝達モードの割合を示しており，これを α と置くと

$$V_{\mathrm{out}} = \frac{n_2}{n_1} V_{\mathrm{in}} \alpha \tag{3.53}$$

となる。

3.3.4　過渡時の動作モードとソフトスイッチングの原理

図 3.33 に示したように，四つの基本動作モードそれぞれの間に一つまたは二つの過渡的な動作モードが存在する。これらの動作モードによってソフトスイッチングを実現している。これらの動作モードの電流径路を図 3.36〜図 3.39 に示す。それぞれの動作モードの概要を以下に示す。

＜モード 1-1 ＞伝達モード → 環流モード（図 **3.36**）

モード1（伝達モード）からモード2（環流モード）への過渡状態であり，この動作モードにより Q_1 の ZVS でのターンオフと Q_2 の ZVS でのターンオンが実現される。モード1の状態において Q_1 がターンオフすると Q_1 を流れていた電流は C_1 に転流し，C_1 電圧は上昇する。それに伴い，C_2 は「$C_2 \to L_l \to n_1 \to$

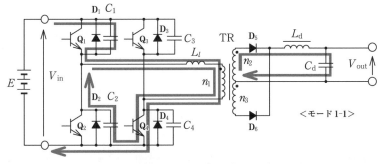

図 3.36　モード 1 からモード 2 への過渡状態

「$Q_4 \to C_2$」の径路で放電する。C_1 の充電と C_2 の放電が完了すると D_2 が導通し，モード 2 に移行する。Q_1 ターンオフ時は C_1 電圧は 0 V なので Q_1 のターンオフは ZVS となり，Q_2 のターンオンは D_2 が導通してから行われるのでやはり ZVS である。

＜モード 2-1，モード 2-2＞環流モード → 伝達モード（図 3.37）

　モード 2（環流モード）からモード 3（伝達モード）への過渡状態であり，こ

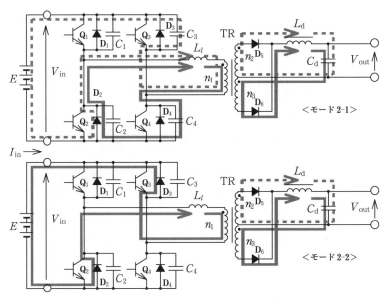

図 3.37　モード 2 からモード 3 への過渡状態

の動作モードにより Q_4 の ZVS でのターンオフと Q_3 の ZVS でのターンオンが実現される。モード 2 の状態において Q_4 がターンオフすると Q_4 を流れていた電流は C_4 に転流し，C_4 電圧は上昇する。それに伴い，C_3 は「$C_3 \rightarrow E \rightarrow D_2 \rightarrow L_l \rightarrow n_1 \rightarrow C_3$」の径路で放電する。$C_4$ の充電と C_3 の放電が完了すると D_3 が導通し，モード 2-2 に移行する。Q_4 ターンオフ時は C_4 電圧は 0 V なので Q_4 のターンオフは ZVS である。Q_3 のターンオンはモード 2-2 において D_3 が導通している状態で行われるのでやはり ZVS である。

＜モード 3-1＞伝達モード → 環流モード（図 3.38）

　モード 1-1 と同じく伝達モード（モード 3）から環流モード（モード 4）への過渡状態である。モード 1-1 では Q_1 がターンオフして Q_2 がターンオンしたのに対し，モード 3-1 では Q_2 がターンオフして Q_1 がターンオンする。また，モード 1-1 では C_1 が充電され C_2 が放電したのに対しモード 3-1 では C_2 が充電され C_1 が放電する。動作原理はモード 1-1 と同じであり Q_1 と Q_2 のソフトスイッチングが実現される。

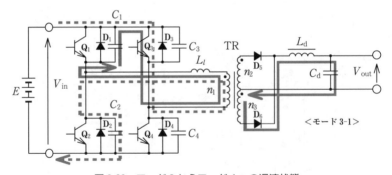

図 3.38　モード 3 からモード 4 への過渡状態

＜モード 4-1，モード 4-2＞環流モード → 伝達モード（図 3.39）

　モード 2-1 および 2-2 と同じく環流モード（モード 4）から伝達モード（モード 1）への過渡状態である。モード 2-1 と 2-2 では Q_4 がターンオフして Q_3 がターンオンしたのに対し，モード 4-1 と 4-2 では Q_3 がターンオフして Q_4 がターンオンする。また，モード 2-1 と 2-2 では C_4 が充電され C_3 が放電したのに対しモード 4-1 と 4-2 では C_3 が充電され C_4 が放電する。動作原理はモード 2-1 および 2-2 と同じであり Q_3 と Q_4 のソフトスイッチングが実現される。

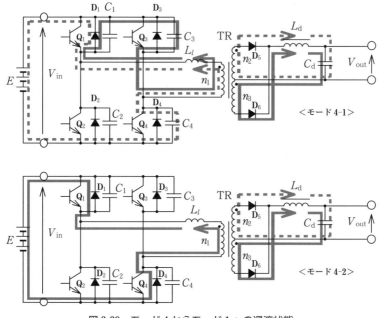

図 3.39　モード 4 からモード 1 への過渡状態

3.3.5　進みレグと遅れレグ

図 3.4 で示したように，直流電源に 2 つまたはそれ以上のスイッチ素子が直列接続された回路構成を**レグ**と呼ぶ。図 3.32 のフルブリッジ方式では Q_1, D_1, C_1 と Q_2, D_2, C_2 および Q_3, D_3, C_3 と Q_4, D_4, C_4 がそれぞれレグを構成している。位相シフト方式では図 3.33(b) に示したように Q_3 と Q_4 のレグは Q_1 と Q_2 のレグに対して位相角 θ の遅れを持ってスイッチング動作を行う。そこで Q_1 と Q_2 のレグを**進みレグ**，Q_3 と Q_4 のレグを**遅れレグ**と呼ぶ。両者の間にはソフトスイッチングのメカニズムに大きな相違点が存在する。

(1)　進みレグの動作

進みレグのスイッチング動作はモード 1-1 と 3-1 で行われる。ともに伝達モードから環流モードに移行する過渡状態である。モード 1-1 の電流径路を表した図 3.36 において電流が流れていない部品を削除し，平滑コンデンサ C_d を電圧 V_{out} の定電圧源で置き換え，さらに C_d と L_d を 1 次側に移動して変圧器 TR を削除

すると図 **3.40** の等価回路を得る。

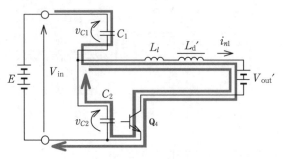

図 **3.40**　モード 1-1 の等価回路

L_d' と V_out' はそれぞれ L_d と V_out の 1 次側換算値である。L_l と L_d' が直列接続されて C_1 と C_2 を充放電しており，次式が成立する。

$$v_{C1} = V_\mathrm{in} - \frac{1}{C_1} \int_0^t \frac{1}{2} i_{nl}(\tau)\,d\tau \tag{3.54}$$

$$v_{C2} = \frac{1}{C_2} \int_0^t \frac{1}{2} i_{nl}(\tau)\,d\tau \tag{3.55}$$

$$i_{nl}(t) = i_{nl}(0) - \frac{1}{L_l + L_\mathrm{d}'} \int_0^t (v_{C2}(\tau) - V_\mathrm{out}')\,d\tau \tag{3.56}$$

$$V_\mathrm{out}' = V_\mathrm{out} \frac{n_1}{n_2} \tag{3.57}$$

$$L_\mathrm{d}' = L_\mathrm{d} \left(\frac{n_1}{n_2} \right)^2 \tag{3.58}$$

なお，t はモード 1-1 開始からの経過時間，$i_{nl}(0)$ は i_{nl} の初期値である。L_d は十分大きいので $\dfrac{1}{L_l + L_\mathrm{d}'}$ は十分小さい値であり，$i_{nl}(t)$ は $i_{nl}(0)$ からほとんど変化しない。したがって，$i_{nl}(t) = i_{nl}(0)$ とおくと，式 (3.54) と式 (3.55) はそれぞれ次式のように書き換えられる。

$$v_{C1} = V_\mathrm{in} - \frac{1}{C_1} \int_0^t \frac{1}{2} i_{nl}(\tau)\,d\tau = V_\mathrm{in} - \frac{1}{2C_1} i_{nl}(0)t \tag{3.59}$$

$$v_{C2} = \frac{1}{C_2} \int_0^t \frac{1}{2} i_{nl}(\tau)\,d\tau = \frac{1}{2C_1} i_{nl}(0)t \tag{3.60}$$

したがって，モード 1-1 の期間中に v_{C1} は容易に 0V まで低下し，v_{C2} は V_in まで上昇する。モード 3-1 では式 (3.54)〜(3.60) において C_1 と C_2 を逆にすれば同じ式が成立する。

(2) 遅れレグの動作

遅れレグのスイッチング動作はモード 2-1 と 2-2 およびモード 4-1 と 4-2 で行われる。ともに環流モードから伝達モードに移行する過渡状態である。これらの動作モードでは電流径路を表した図 3.37 と図 3.39 から明かなように 2 次側の整流ダイオード D_5 と D_6 はともに導通しており，変圧器 TR の 2 次巻線は短絡状態にある。そこで，モード 2-1 の電流径路図から変圧器を短絡して削除し，電流が流れていない部品を削除すると図 **3.41**(a) の等価回路を得る。進みレグでは変圧器の漏れインダクタンス L_l と平滑リアクトル $L_d{}'$ の和でコンデンサ C_1 と

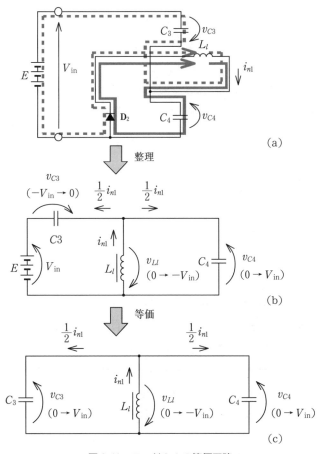

図 **3.41** モード 2-1 の等価回路

C_2 の充放電を実現したのに対し，遅れレグでは変圧器の漏れインダクタンス L_l が単独で C_3 と C_4 の充放電を実現しなければならない。

　さらに図 (a) を整理すると図 (b) を得る。図 (b) においてコンデンサ C_3 の電圧 v_{C3} はモード 2-1 の間に $-V_{in}$ から 0 V に変化するが，電源電圧 V_{in} を加算して初期値を 0 V に変更すると，図 (c) の等価回路を得る。図 (c) から，モード 2-1 では漏れインダクタンス L_l のエネルギーで，二つのコンデンサの和「$C_3 + C_4$」を 0 V から V_{in} まで充電しているのと等価である。したがって，コンデンサ C_3 と C_4 の充放電を完了して次のモードに移行するための条件は次式で与えられる。

$$\frac{1}{2} L_l i_{n1}(0)^2 > \frac{1}{2}(C_3 + C_4)V_{in}^2 \tag{3.61}$$

　なお，$i_{n1}(0)$ はモード 2-1 開始時の 1 次巻線電流 i_{n1} である。したがって，遅れレグではソフトスイッチング成立のために，環流モードで十分な大きさの 1 次巻線電流が確保され，ある程度大きな漏れインダクタンス L_l が必要である。図 (b) において，各素子の電圧・電流について次式が成立する。

$$v_{C3}(t) = -V_{in} + \frac{1}{C_3} \int_0^t \frac{1}{2} i_{n1}(\tau) \, d\tau \tag{3.62}$$

$$v_{C4}(t) = \frac{1}{C_4} \int_0^t \frac{1}{2} i_{n1}(\tau) \, d\tau \tag{3.63}$$

$$i_{n1}(t) = i_{n1}(0) - \frac{1}{L_l} \int_0^t v_{C4}(\tau) \, d\tau \tag{3.64}$$

モード 4-1 では式 (3.61)〜(3.64) において C_3 と C_4 を逆にすれば同じ式が成立する。

3.3.6　軽負荷時のソフトスイッチング

　3.3.5 項で説明したように，遅れレグのソフトスイッチング成立のためには，式 (3.61) を満足するように漏れインダクタンス L_l に十分なエネルギーが必要である。そのためには $i_{n1}(0)$ を一定量確保する必要がある。$i_{n1}(0)$ はモード 2-1 開始時の 1 次巻線電流であり，モード 2（環流モード）終了時の 1 次巻線電流に等しい。3.3.2 項で示したように，モード 2 では 1 次巻線電流 i_{n1} は式 (3.39) に従って減少する。式 (3.39) からあきらかなように，I_1 が小さいとモード 2 終了時の i_{n1} は小さな値となる。I_1 はモード 1 終了時の n_1 巻線電流であり，出力電

流 I_{out} に比例する。ゆえに軽負荷時（I_{out} が小さいとき）は $i_{n1}(0)$ が小さくなり，式 (3.61) を満足できず，遅れレグのソフトスイッチングは実現できない。

位相シフトフルブリッジ方式のこれまでの電流径路図（図 3.34，図 3.37 など）では励磁電流 i_m を無視して描画されているが，実際には励磁電流も流れており，図 3.35(a) に示すように伝達モード（モード 1 と 3）で増減し，環流モード（モード 2 と 4）で大きさ（絶対値）は最大となる。励磁電流の振幅 Δi_m は次式で与えられる。T_1 はモード 1 の継続時間，L_m は励磁インダクタンスである。

$$\Delta i_m = \frac{1}{L_m} V_{in} T_1 \tag{3.65}$$

式 (3.65) からわかるように，励磁電流の大きさは入力電圧 V_{in} に比例し，出力電流 I_{out} には無関係である。したがって，軽負荷時でも遅れレグのソフトスイッチングに必要な 1 次巻線電流 i_{n1} を励磁電流で確保することが期待できる。このときの電流径路を図 3.42 に示す。軽負荷時で，1 次側を環流する負荷電流が減少して 0 A になった場合を想定しており，n_1 巻線には負荷電流は流れてないが，励磁電流は流れている。この状態で Q_4 がターンオフしてモード 2-1 に移行することができる。

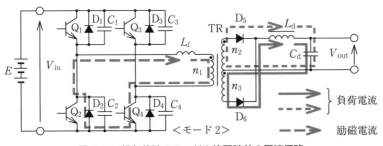

図 3.42　軽負荷時のモード 2 終了時前の電流径路

なお，軽負荷時でも励磁電流で必ずソフトスイッチングが実現できるとは限らず，励磁電流の 2 次側への転流や微少負荷時の伝達モード短縮による励磁電流の低下などを考慮する必要がある。詳細は文献 (7, 8) などで説明されている。

3.3.7 2次側整流ダイオードのサージ電圧

(1) サージ電圧の発生原理

　位相シフトフルブリッジ方式はソフトスイッチングの回路方式とされており，3.3.4 項で説明したように 1 次側の四つのスイッチ素子 $Q_1 \sim Q_4$ は ZVS を実現することができる。しかし，2 次側の整流ダイオード D_5，D_6 には大きなサージ電圧が発生する。発生のタイミングは環流モードから伝達モードへの過渡時であり，モード 2 から 3 への過渡時には D_5，モード 4 から 1 への過渡時には D_6 にサージ電圧が発生する。モード 2 から 3 への過渡時には，図 3.37 に示したようにモード 2-1 と 2-2 の二つの動作モードが発生するが，詳しく見ればさらにモード 2-2 とモード 3 の間にモード 2-3，2-4，2-5 の三つの過渡的な動作モードが存在する。これら三つの動作モードの電流径路を図 **3.43** に示す。

<モード 2-3 >

　図 3.37 に示したように，モード 2-2 では D_2 と D_3 が導通して漏れインダクタンス L_l のエネルギーが電源 E に回生されている。1 次巻線電流 i_{n1} は正であるが，L_l には負の電圧 $-V_{\mathrm{in}}$ が印加されており，i_{n1} は急速に減少する。次式が成立する。

$$i_{n1}(t) = i_{n1}(0) - \frac{1}{L_l}V_{\mathrm{in}}t \qquad (3.66)$$

この式で，$i_{n1}(0)$ はモード 2-2 開始時の n_1 巻線電流であり，正の値である。t はモード 2-2 開始後の経過時間である。$i_{n1}(t)$ は短時間で 0 A となり，モード 2-3 に移行し，負方向に急速に増加する。1 次側の電流径路は次のように変化する。

モード 2-2：$L_l \rightarrow n_1 \rightarrow D_3 \rightarrow E \rightarrow D_2 \rightarrow L_l$

モード 2-3：$L_l \rightarrow Q_2 \rightarrow E \rightarrow Q_3 \rightarrow n_1 \rightarrow L_l$

モード 2-3 でも式 (3.66) がそのまま成立する。その他，次式が成立する。

$$i_{Ld} = i_{n2} + i_{n3} \qquad (3.67)$$

$$i_{n1} = \frac{n_2}{n_1}(i_{n2} - i_{n3}) \qquad (3.68)$$

したがって，i_{n1} の負方向への急速な増加に伴い，i_{n2} は減少し，i_{n3} は増加する。$i_{n2} = 0$，$i_{n3} = i_{Ld}$ となってモード 2-4 に移行する。

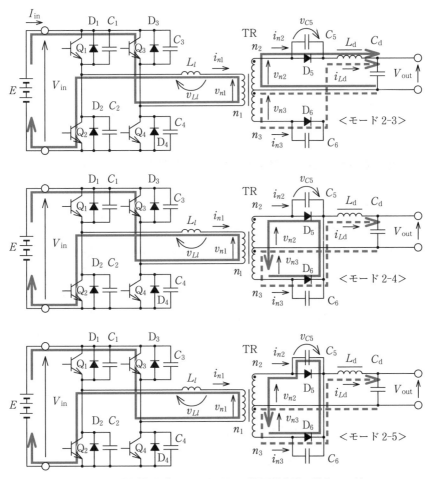

図 3.43　2次側整流ダイオードのサージ電圧発生時の動作モード

＜モード 2-4 ＞

モード 2-3 の n_2 巻線電流 i_{n2} は D_5 に流れているので，i_{n2} が 0 A になったあと D_5 のリカバリ時間 t_{rr} の間リカバリ電流 i_{rr} が流れる。電流径路は $n_2 \rightarrow n_3 \rightarrow D_6 \rightarrow D_5 \rightarrow n_2$ である。次式が成立する。

$$i_{n3} = i_{Ld} + i_{rr} \tag{3.69}$$

$$i_{n2} = -i_{rr} \tag{3.70}$$

$$i_{n1} = -\frac{n_2}{n_1}(i_{n3} - i_{n2}) = -\frac{n_2}{n_1}(i_{Ld} + i_{rr} + i_{rr}) = -\frac{n_2}{n_1}(i_{Ld} + 2i_{rr})$$

$$v_{n1} = v_{n2} = v_{n3} = 0\,\text{V} \tag{3.71}$$

$$v_{Ll} = -V_{in}$$

リカバリ電流が流れ終わると次の動作モードに移行する。

＜モード 2-5 ＞

リカバリ期間が終わっても L_l は電流を流し続けるので，2 次側巻線にも電流が流れ続ける。その結果 D_5 のリカバリ電流は C_5 に転流する。C_5 は D_5 の接合容量にスナバ容量を加算したものである。この動作モードでは次式が成立する。

$$i_{n3} = i_{Ld} - i_{n2} \tag{3.72}$$

$$i_{n1} = -\frac{n_2}{n_1}(i_{n3} - i_{n2}) \tag{3.73}$$

$$v_{n2} = v_{n3} = -\frac{1}{2}v_{C5} \tag{3.74}$$

$$v_{n1} = \frac{n_1}{n_2}v_{n2} = -\frac{1}{2}\frac{n_1}{n_2}v_{C5} \tag{3.75}$$

$$v_{Ll} = -(V_{in} + v_{n1}) \tag{3.76}$$

$$i_{n1} = \frac{1}{L_l}\int_0^t v_{Ll}d\tau + i_{n1}(0) \tag{3.77}$$

$$v_{C5} = \frac{1}{C_5}\int_0^t (-i_{n2})\,d\tau \tag{3.78}$$

なお，t はモード 2-5 開始からの時間，$i_{n1}(0)$ はモード 2-5 開始時の i_{n1} の値（初期値）である。v_{C5} の初期値は 0 V である。これらの式から次のことがわかる。

・L_l と C_5 が直列に接続されて共振している。

・v_{C5}（すなわち D_5 電圧）はかなり大きな値に充電される。したがって，D_5 に大きなサージ電圧が発生する。

・v_{C5} は i_{n1} の初期値が大きいほど大きくなる。

L_l と C_5 の共振現象は回路の抵抗成分により徐々に減衰し，やがて終了し，次の動作モード（モード 3）に移行する。

(2) サージ電圧発生時の等価回路

モード 2-5 での L_l と C_5 の共振現象を考察するために，このときの等価回路を検討する。図 3.43 のモード 2-5 の 2 次側を等価回路で表現した回路図を**図 3.44**に示す。L_d は定電流源と考えている。C_5 は図 3.43 では n_2 巻線 n_3 巻線双方にまたがって接続されているが，図 3.44 では n_3 巻線だけに接続されていると考える。その場合，C_5 の電圧は 1/2 になるので，C_5 の容量を 4 倍とする。D_5 は開放，D_6 は短絡している。

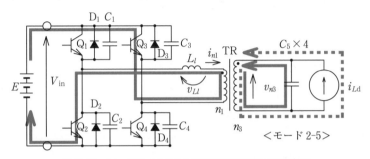

図 3.44 モード 2-5 において 2 次側を等価回路で表現

図 3.44 の 2 次側部品を 1 次側に換算し，導通している Q_2 と Q_3 を短絡し，さらにモード 2-5 の動作に無関係の部品を消去すると**図 3.45**(a) となる。また，L_d 電流 i_{Ld} は単に一定の電流を回路に流しているだけであり，C_5 の電圧には無関係なので削除すると図 3.45(b) となる。図 (b) は L_l と C_5' の単純な直列共振回路であり，電流 i の初期値が 0 A なら C_5' の電圧 v_{C5}' は**図 3.46** に示すようにピーク値が $2V_{in}$ の正弦波となる。実際には i の初期値はリカバリ電流の 1 次側換算値 $\left(2i_{rr}\dfrac{n_2}{n_1}\right)$ となり，v_{C5}' のピーク値は $2V_{in}$ よりもっと大きくなる。なお，

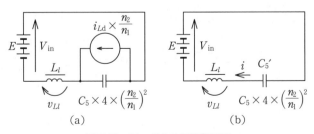

図 3.45 モード 2-5 の等価回路

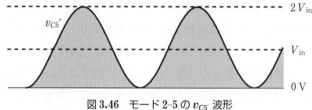

図 3.46　モード 2-5 の $v_{C5'}$ 波形

C_5' は C_5 の 1 次側換算値であり $4C_5\left(\dfrac{n_2}{n_1}\right)^2$ である。また，回路には抵抗成分が存在するので共振現象は減衰して $v_{C5'}$ は V_{in} に整定する。なお，$v_{C5} = 2\dfrac{n_2}{n_1}v_{C5'}$ である。

(3)　クランプダイオードによるサージ電圧抑制

　2 次側整流ダイオードのサージ電圧は，実用上大きな障害となるので，さまざまな対策が検討されている。図 3.47 によく使われている対策例を示す。通常の回路に対して，サージ電圧対策としてダイオード D_7 と D_8 が追加されている。この場合，変圧器の漏れインダクタンスは極力小さくし，環流電流を確保するた

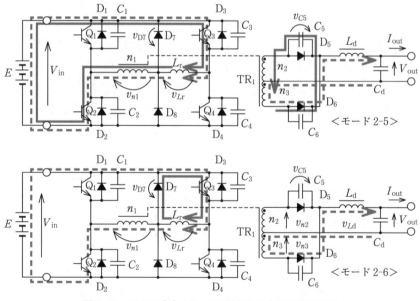

図 3.47　クランプダイオードを追加したときの電流経路

めのインダクタンスとして漏れインダクタンスの代わりに，外付けのリアクトル L_r を使用する。図 3.47 のモード 2-5 は，図 3.43 のモード 2-5 と同じ動作であるが，漏れインダクタンスは十分小さいと考えて図示していない。このモードでは 2 次側は，点線の L_d 電流と実線の C_5 を充電する電流の二つの電流が流れているが，図 3.47 では両者に対応する 1 次側の電流もそれぞれ点線と実線で表記している。

<モード 2-5 の動作>

モード 2-5 では C_5 が急速に充電され，式 (3.78) に従って v_{C5} が急激に増加する。v_{C5} の増加に伴い，v_{n1} は式 (3.75) に従って負方向に増加する。次式が成立するので，v_{n1} が負方向に増加して絶対値が V_{in} を超えると，v_{D7} は正となり D_7 は順バイアスされ導通する。

$$v_{D7} = -(V_{in} + v_{n1}) \tag{3.79}$$

<モード 2-6 の動作>

D_7 が導通したあとの動作をモード 2-6 とする。図 3.47 に示すように，L_r 電流は n_1 巻線から D_7 に転流する。その結果，C_5 電流は瞬時に消滅し，C_5 の充電は停止され，v_{C5} の増加も停止する。このときの n_1 巻線電圧 v_{n1} は $-V_{in}$ に等しいので次式が成立する。

$$v_{n2} = v_{n3} = \frac{n_2}{n_1}v_{n1} = -\frac{n_2}{n_1}V_{in} \tag{3.80}$$

$$v_{C5} = -(v_{n2} + v_{n3}) = 2\frac{n_2}{n_1}V_{in} \tag{3.81}$$

v_{C5} は D_5 の電圧に等しいので，D_5 の電圧は $2\frac{n_2}{n_1}V_{in}$ にクランプされ，サージ電圧は完全に抑制される。なお，モード 4 から 1 に移行するときは同じ動作原理で D_8 が導通して D_6 のサージ電圧を抑制する。D_7 と D_8 は電流をバイパスして電圧をクランプする役割を果たすので，**クランプダイオード**と呼ぶ。

このように，クランプダイオード D_7 と D_8 の挿入により，2 次側整流ダイオードのサージ電圧を完全に抑制することができるが，変圧器の漏れインダクタンスを無視できない場合はその効果は限定的となる。**図 3.48** の L_l は変圧器の漏れインダクタンスである。L_l は n_1 巻線と一体のものなので，D_7 と D_8 よりも n_1 側に存在することになる。図 3.47 のモード 2-6 では n_1 巻線電流は瞬時にすべて D_7 に転流したが，L_l を無視できない場合は図 3.48 に示すように，L_l のエネル

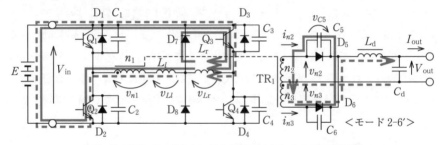

図3.48 漏れインダクタンスを無視できないときの電流経路

ギーにより一部の電流は n_1 巻線を流れ続ける。この間，n_2 巻線電流も流れ続けるので，C_5 の充電は継続され，D_5 にサージ電圧が発生する。L_l のエネルギーがすべて放出されて v_{C5} の上昇は終了する。

(4)　スナバ回路によるサージ電圧抑制

図3.43 において C_5, C_6 は D_5, D_6 の寄生容量に外付けコンデンサの容量を加算した容量であるが，外付けコンデンサの容量を大きくすれば L_l との共振周期を長くすることができ，回路の抵抗成分による減衰効果でサージ電圧を抑制することができる。さらに**図3.49**(a) のように抵抗 R_5, R_6 を挿入して CR スナバとすれば，抵抗による減衰を期待できる。

C_5, C_6 はあまり大きな容量のコンデンサを使うことはできないが，図3.49(b)のように整流後に C_7 を配置すれば，C_7 は大きな容量を使うことができる。C_5 と L_l が共振するモード2-5では C_7 と C_5 は等価的に並列接続され，共振周期を長くすることができる。しかし，C_7 が大きいと軽負荷時は C_7 の放電が不足して出力電圧 V_{out} が過大になることがある。図 (c) はそれを防ぐために C_7 にダイオードと抵抗を追加して C_7 の放電を促進している。図 (d) はスイッチ素子を用いてアクティブに C_7 を放電している。

3.3.8　デューティーサイクルロス

(1)　デューティーサイクルロスの発生原理

図3.37 に示したように，環流モードから伝達モードへの過渡状態であるモード2-2では2次側整流ダイオード D_5 と D_6 は共に導通しており，変圧器の2次電圧は0 V である。同様に図3.43 に示したように，モード2-3でも D_5 と D_6 は

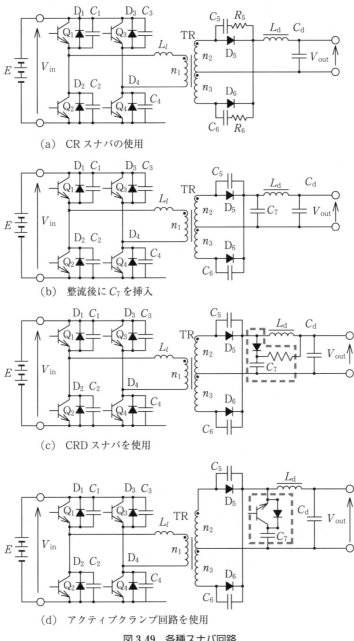

(a) CR スナバの使用

(b) 整流後に C_7 を挿入

(c) CRD スナバを使用

(d) アクティブクランプ回路を使用

図 3.49 各種スナバ回路

共に導通しており，変圧器の 2 次電圧は 0 V である。モード 2-2 では入力電流 I_{in} は負であり，変圧器の漏れインダクタンス L_l のエネルギーが電源 E に回生されている。逆に，モード 2-3 では I_{in} は正であり，E から L_l にエネルギーが与えられている。したがって，環流モードから伝達モードへの過渡期に行われる L_l へのエネルギーの放出と蓄積の期間では変圧器の 2 次電圧が 0 V となり，この現象は通流率（デューティーサイクル）の減少を招いて出力電圧を低下させるので，**デューティーサイクルロス**といわれている。

デューティーサイクルロスの発生原理を**図 3.50** に示す。v_a は図 3.32 に示したように漏れインダクタンス L_l も含めた変圧器への入力電圧であり，Q_1 と Q_4（または D_1 と D_4）がオンしているときは V_{in} となり，Q_2 と Q_3（または D_2 と D_3）がオンしているときは $-V_{in}$ となる。通常，変圧器の入力に電圧が印加されている時は出力電圧 v_{n2} にも電圧が発生するが，前記のようにモード 2-2 と

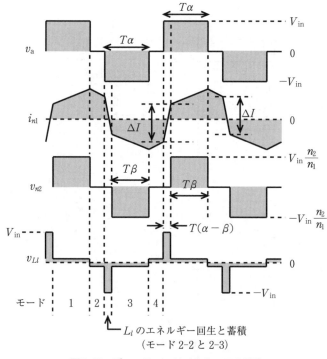

図 3.50　デューティーサイクルロスの発生

2-3 では v_{n2} は 0 V となる。この期間に L_l には大きな負の電圧 $-V_{\text{in}}$ が印加され，L_l の電流（n_1 巻線電流 i_{n1}）は急速に減少している。Q_2 と Q_3（または D_2 と D_3）がオンしている期間を $T\alpha$，2 次側に電圧が発生している期間を $T\beta$ とすると $\alpha - \beta$ がデューティーサイクルロスとなる。なお，モード 4 からモード 1 への過渡状態でも同じ現象が発生する。

(2) デューティーサイクルロスの期間に成立する式

3.3.7 項に示したように，モード 2-2 と 2-3 では式（3.66）が成立する。デューティーサイクルロスの時間 $T(\alpha - \beta)$ を T_{L} と置き，式（3.66）の t に代入すると

$$i_{n1}(T_{\text{L}}) = i_{n1}(0) - \frac{1}{L_l} V_{\text{in}} T_{\text{L}} \tag{3.82}$$

図 3.50 に示したように $i_{n1}(T_{\text{L}})$ と $i_{n1}(0)$ の差を ΔI と置くと

$$\Delta I = i_{n1}(0) - i_{n1}(T_{\text{L}}) = \frac{1}{L_l} V_{\text{in}} T_{\text{L}} \tag{3.83}$$

L_{d} が十分大きく，また環流モードでの環流電流の減少が小さい場合は $\Delta I \fallingdotseq 2\dfrac{n_2}{n_1} I_{\text{out}}$ となるので

$$T_{\text{L}} \fallingdotseq 2 I_{\text{out}} \frac{n_2}{n_1} \frac{L_l}{V_{\text{in}}} \tag{3.84}$$

3.3.5 項で説明しているように，遅れレグのソフトスイッチングを実現するには式（3.61）を満足させるように，漏れインダクタンス L_l の蓄積エネルギーを大きくしなければらなない。そのためには漏れインダクタンスを大きくする，または n_1 巻線と直列にリアクトルを接続して L_l を等価的に大きくする必要がある。その場合，式（3.84）から明かなように，デューティサイクルロスが大きくなる。例えば，次の条件なら $T_{\text{L}} = 0.67\,\mu\text{s}$ となり，動作周波数が 100 kHz ならデューティーサイクルロスは 6.7% となる。

条件：$I_{\text{out}} = 100$ A，　　$\dfrac{n_2}{n_1} = 0.1$，　　$V_{\text{in}} = 300$ V，　　$L_l = 10\,\mu\text{H}$

3.4　非対称制御ハーフブリッジ方式 DC/DC コンバータ

3.4.1　非対称制御ハーフブリッジ方式 DC/DC コンバータの概要

　3.3 節で紹介したように，フルブリッジ方式では通常のハードスイッチングの回路方式と同じ回路構成で，制御方法を位相シフト方式に変更するとソフトスイッチングを行うことができた。一方，ハーフブリッジ方式では通常のハードスイッチングの回路方式と同じ回路構成で，制御方法を**非対称制御**に変更するとソフトスイッチングを行うことができる。なお，非対称制御では変圧器の励磁電流に直流成分が発生する，という特殊な現象が生じる。この現象はフルブリッジ方式の偏磁現象のように直流成分が限りなく増加することはなく，直流成分は一定の値が維持されるが，通常のハーフブリッジ方式 DC/DC コンバータより励磁電流のピーク値が大きくなるので，変圧器の設計に配慮が必要である。本節では，非対称制御ハーフブリッジ方式のソフトスイッチングのメカニズムや，励磁電流の直流成分の発生原理などを説明する。

3.4.2　基　本　動　作

　ハーフブリッジ方式 DC/DC コンバータの回路構成を図 **3.51** に示す。電圧と電流は矢印の方向を正の方向と定義する。C_1 と C_2 は Q_1 と Q_2 の寄生容量またはスナバコンデンサであり，ごく小容量である。C_3 と C_4 は高周波のリプル成分

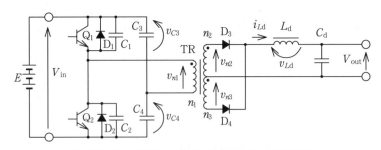

図 3.51　ハーフブリッジ方式の回路構成と各部の記号

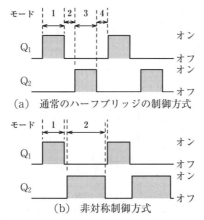

図 **3.52**　ハーフブリッジ方式の二つの制御方式

を平滑するための十分大きなコンデンサである。ハーフブリッジ方式の二つの制御方式を**図 3.52** に示す。通常の制御方式は図 (a) であり，二つのスイッチ素子を同じ通流率で位相差 180 度の状態で動作させる。非対称制御方式は図 (b) に示すように二つのスイッチ素子 Q_1 と Q_2 を短いデッドタイムを挟んで交互にオン・オフさせる。Q_1 と Q_2 の通流率が異なるので非対称制御と呼ばれている。通常の制御ではハードスイッチングであるが，非対称制御ではソフトスイッチングが可能となる。なお，通常の制御方式では $v_{C3} = v_{C4} = \frac{1}{2} V_{\mathrm{in}}$ であるが，非対称制御では $v_{C3} \neq v_{C4}$ である。

　非対称制御方式には二つの主要な動作モードがある。各動作モードの負荷電流の電流径路を**図 3.53** に示す。なお，煩雑さを避けて励磁電流は表示していないが，励磁電流は負荷電流と同じ径路で 1 次側を流れている。

＜モード 1：Q_1 がオン，Q_2 はオフ＞

　Q_1 がオンし，C_3 は放電 C_4 は充電される。C_3 と C_4 の容量は十分大きいので，充放電に伴う v_{C3} と v_{C4} の変動は小さい。変圧器 1 次巻線 n_1 にはコンデンサ C_3 の電圧 v_{C3} が印加されている。D_3 が導通し，出力側に電力が伝達され，次式が成立する。

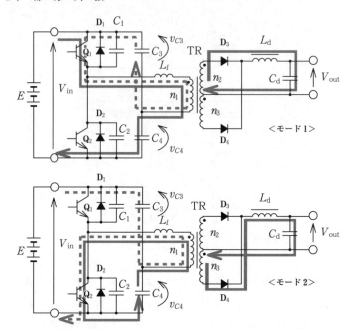

（励磁電流は負荷電流と同じ径路で1次側を流れる）

図 3.53　非対称制御ハーフブリッジ方式の負荷電流の径路

$$v_{n1} = v_{C3} \tag{3.85}$$

$$v_{Ld} = \frac{n_2}{n_1} v_{n1} - V_{out} \tag{3.86}$$

$$\Delta i_{Ld} = \frac{1}{L_d} v_{Ld} T\alpha = \frac{1}{L_d}\left(\frac{n_2}{n_1} v_{C3} - V_{out}\right) T\alpha \tag{3.87}$$

$$\Delta i_m = \frac{1}{L_m} v_{n1} T\alpha = \frac{1}{L_m} v_{C3} T\alpha \tag{3.88}$$

$$v_{C3} + v_{C4} = V_{in} \tag{3.89}$$

なお，T は動作周期，α は Q_1 の通流率，$T\alpha$ はモード1の継続時間である。Δi_{Ld} はモード1の期間での平滑リアクトル電流 i_{Ld} の変化量である。L_m は励磁インダクタンス，Δi_m はモード1の期間での励磁電流の変化量である。Q_1 がオフし，Q_2 がオンして次のモードに移行する。

＜モード2：Q_2 がオン，Q_1 はオフ＞

Q_2 がオンし，変圧器1次巻線 n_1 にはコンデンサ C_4 の電圧 v_{C4} が負方向に印

加される。D_4 が導通し，出力側に電力が伝達され，次式が成立する。

$$v_{n1} = -v_{C4} \tag{3.90}$$

$$v_{Ld} = -\frac{n_2}{n_1}v_{n1} - V_{\text{out}} \tag{3.91}$$

$$\Delta i_{Ld} = \frac{1}{L_d}v_{Ld}T(1-\alpha) = \frac{1}{L_d}\left(\frac{n_2}{n_1}v_{C4} - V_{\text{out}}\right)T(1-\alpha) \tag{3.92}$$

$$\Delta i_{m} = \frac{1}{L_m}v_{n1}T(1-\alpha) = -\frac{1}{L_m}v_{C4}T(1-\alpha) \tag{3.93}$$

なお，$1-\alpha$ は Q_2 の通流率，$T(1-\alpha)$ はモード 2 の継続時間である。Δi_{Ld} と Δi_{m} はそれぞれモード 2 期間での平滑リアクトル電流 i_{Ld} と励磁電流 i_{m} の変化量である。Δi_{Ld} と Δi_{m} はそれぞれモード 1 で正，モード 2 で負となる。

3.4.3　出力電圧などの導出

定常状態では励磁電流の変化量 Δi_{m} のモード 1 とモード 2 の和は 0 なので，式 (3.88) と式 (3.93) より

$$\frac{1}{L_m}v_{C3}T\alpha - \frac{1}{L_m}v_{C4}T(1-\alpha) = 0 \tag{3.94}$$

式 (3.89) を代入し，整理すると

$$v_{C3} = V_{\text{in}}(1-\alpha) \tag{3.95}$$

$$v_{C4} = V_{\text{in}}\alpha \tag{3.96}$$

定常状態では平滑リアクトル電流の変化量 Δi_{Ld} のモード 1 とモード 2 の和は 0 なので，式 (3.87) と式 (3.92) より

$$\frac{1}{L_d}\left(\frac{n_2}{n_1}v_{C3} - V_{\text{out}}\right)T\alpha + \frac{1}{L_d}\left(\frac{n_2}{n_1}v_{C4} - V_{\text{out}}\right)T(1-\alpha) = 0 \tag{3.97}$$

式 (3.95) と式 (3.96) を代入し，整理すると

$$V_{\text{out}} = 2\frac{n_2}{n_1}V_{\text{in}}\alpha(1-\alpha) \tag{3.98}$$

この式から計算した出力電圧特性を図 **3.54** に示す。通流率 0.5 のときに最大

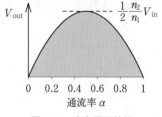

図 3.54 出力電圧特性

値 $\dfrac{1}{2}\dfrac{n_2}{n_1}V_{\text{in}}$ となる。

3.4.4 直流励磁の発生

図 3.53 の電流径路から C_3 と C_4 の充放電について次のことがわかる。

<モード 1 >

C_3 は放電し，C_4 は充電される。C_3 電圧 v_{C3} と C_4 電圧 v_{C4} の和は常に入力電圧 V_{in} に等しい。したがって，C_3 の放電に伴う電圧降下と C_4 の充電に伴う電圧上昇は等しいので，C_3 の放電電荷と C_4 の充電電荷は同じ大きさである。次式が成立する。

$$C_3 \text{ の放電電荷} = C_4 \text{ の充電電荷} = \frac{1}{2}\frac{n_2}{n_1}i_{Ld}T\alpha \qquad (3.99)$$

<モード 2 >

C_4 は放電し，C_3 は充電される。モード 1 と同様にして次式が成立する。

$$C_4 \text{ の放電電荷} = C_3 \text{ の充電電荷} = \frac{1}{2}\frac{n_2}{n_1}i_{Ld}T(1-\alpha) \qquad (3.100)$$

したがって，$\alpha < 0.5$ なら次のように C_3, C_4 の充放電の電荷のアンバランスが発生する。

$$C_3 \text{ の放電電荷} < C_3 \text{ の充電電荷}$$

$$C_4 \text{ の充電電荷} < C_4 \text{ の放電電荷}$$

その結果 C_3 の電圧は上昇し，C_4 の電圧は減少する。通常は式 (3.94) で示した

ように励磁電流の変化量 Δi_m のモード1とモード2の和は0であるが，C_3 の電圧 vC_3 が上昇し，C_4 の電圧 vC_4 が減少すると，式 (3.94) の右辺は0ではなく正の値となり，変圧器は正方向に偏磁する。偏磁の結果生じる励磁電流の直流成分を i_{md} とすると式 (3.99) と式 (3.100) は次式のように変化する。

$$C_3 \text{ の放電電荷} = C_4 \text{ の充電電荷} = \frac{1}{2}\left(\frac{n_2}{n_1}i_{Ld} + i_{md}\right)T\alpha \quad (3.101)$$

$$C_4 \text{ の放電電荷} = C_3 \text{ の充電電荷} = \frac{1}{2}\left(\frac{n_2}{n_1}i_{Ld} - i_{md}\right)T(1-\alpha)$$
$$(3.102)$$

定常状態では C_3 と C_4 の充電電荷と放電電荷は等しいので次式が成立する状態で i_{md} の値が定まる。

$$\frac{1}{2}\left(\frac{n_2}{n_1}i_{Ld} + i_{md}\right)T\alpha = \frac{1}{2}\left(\frac{n_2}{n_1}i_{Ld} - i_{md}\right)T(1-\alpha) \quad (3.103)$$

整理すると

$$i_{md} = \frac{n_2}{n_1}i_{Ld}(1-2\alpha) \quad (3.104)$$

このように，非対称制御ハーフブリッジ方式では $\alpha \neq 0.5$ のときは二つのコンデンサの充電電荷と放電電荷を等しくするために偏磁が発生し，励磁電流に式 (3.104) で与えられる直流成分が含まれる。

3.4.5　過渡状態の動作モードとソフトスイッチングの原理

図 3.53 に示した二つの動作モードの間に過渡的な動作モードが存在する。これらの動作モードによってソフトスイッチングが実現する。各動作モードの電流径路を図 3.55 と図 3.56 に示す。それぞれの動作モードの概要は次の通りである。

＜モード 1-1，1-2 ＞モード 1 → モード 2 （図 3.55）
　モード 1 （Q_1 がオン）からモード 2 （Q_2 がオン）への過渡状態であり，この動作モードにより Q_1 の ZVS でのターンオフと Q_2 の ZVS でのターンオンが実現される。モード 1 の状態において，Q_1 がターンオフすると Q_1 を流れていた電流は C_1 に転流し，C_1 電圧が上昇する。それに伴い，C_2 は「$C_2 \rightarrow L_l \rightarrow n_1 \rightarrow$

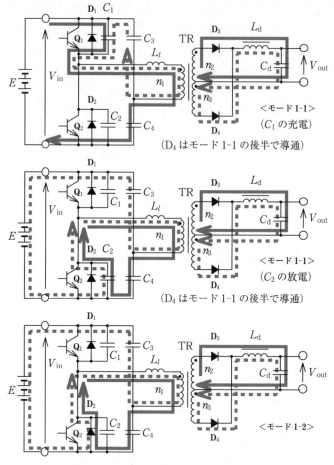

図 3.55　モード 1 からモード 2 への過渡時の動作

「$C_4 \to C_2$」の径路，および「$C_2 \to L_l \to n_1 \to C_3 \to E \to C_2$」の二つの径路で放電する。なお，$C_1$ の充電と C_2 の放電は同時に行われるが，わかりやすくするために二つの図に分けて示している。C_1 の充電と C_2 の放電が完了すると D_2 が導通し，モード 1-2 に移行する。Q_1 ターンオフ時は C_1 電圧は 0V なので，Q_1 のターンオフは ZVS である。Q_2 のターンオンは D_2 が導通してから行われるので ZVS である。

＜モード2-1, 2-2＞モード2 → モード1（図3.56）

　モード2（Q_2 がオン）からモード1（Q_1 がオン）への過渡状態であり，この動作モードにより Q_2 の ZVS でのターンオフと Q_1 の ZVS でのターンオンが実現される。モード2の状態において，Q_2 がターンオフすると Q_2 を流れていた電流は C_2 に転流し，C_2 電圧は上昇する。それに伴い，C_1 は「$C_1 \to C_3 \to n_1 \to L_l \to C_1$」の径路，および「$C_1 \to E \to C_4 \to n_1 \to L_l \to C_1$」の二つの径路で放電する。なお，$C_2$ の充電と C_1 の放電は同時に行われるが，わかりやすくする

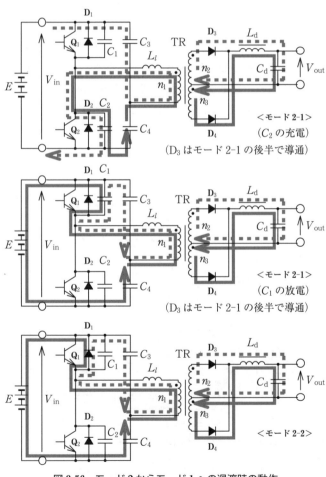

図3.56　モード2からモード1への過渡時の動作

ために二つの図に分けて記載している。C_2 の充電と C_1 の放電が完了すると D_1 が導通し，モード 2-2 に移行する。Q_2 ターンオフ時は C_2 電圧は 0 V なので Q_2 のターンオフは ZVS である。Q_1 のターンオンは D_1 が導通してから行われるので ZVS である。

3.4.6　過渡状態の等価回路

モード 1-1 では C_1 の充電と C_2 の放電が行われ，C_2 の電圧 v_{C2} は V_{in} から 0 まで低下する。変圧器 1 次巻線の電圧 v_{n1} は次式で与えられる。

$$v_{n1} = v_{C2} - v_{C4}$$

モード 1-1 開始初期は v_{C2} は v_{C4} より大きく v_{n1} は正であり，v_{n2} と v_{n3} も正なので 2 次側では D_3 のみ導通し，D_4 は逆バイアスされて導通しない。C_2 の放電が進行し，$v_{C2} = v_{C4}$ となると D_4 の逆バイアスは解除されて D_4 も導通する。

D_4 導通前の等価回路を図 **3.57** に示す。図 3.55 のモード 1-1 の回路図に対して電流が流れていない部品を削除し，平滑コンデンサ C_{d} を電圧 V_{out} の定電圧

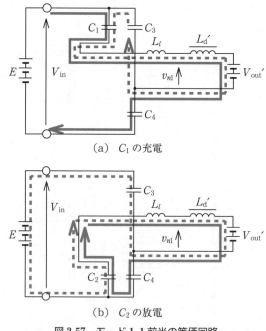

（a）C_1 の充電

（b）C_2 の放電

図 **3.57**　モード 1-1 前半の等価回路

源で置き換え，さらに C_d と L_d を1次側に移動して変圧器 TR を削除している。L_d' と V_{out}' はそれぞれ L_d と V_{out} の1次側換算値である。L_l と L_d が直列接続されて C_3 と C_4 を充放電している。この動作は 3.3.5(1) 項で説明した位相シフトフルブリッジ方式の進みレグの動作と同じであり，C_1 と C_2 の充放電は，容量の大きな平滑リアクトル L_d のエネルギーですみやかに進行する。

D$_4$ が導通した後は図 3.55 において2次側に点線の径路が加わり，D$_3$ と D$_4$ がともに導通して変圧器は短絡状態となり，平滑リアクトル L_d は1次側から切り離される。したがって，C_3 と C_4 の充放電は L_l のエネルギーだけで実施される。これは位相シフトフルブリッジ方式の遅れレグの動作と同じであり，ソフトスイッチング実現のために，L_l には次式のエネルギーが必要である。

$$\frac{1}{2}L_l i_{n1}(0)^2 > \frac{1}{2}(C_1 + C_2)v_{C4}^2 \tag{3.105}$$

$i_{n1}(0)$ は D$_4$ 導通開始時の n_1 巻線電流であり，次式で与えられる。

$$i_{n1}(0) = \frac{n_2}{n_1}i_{Ld} \tag{3.106}$$

なお，モード 2-1 でも同様の現象が発生する。

3.4.7 非対称制御ハーフブリッジ方式の応用例

非対称制御ハーフブリッジ方式は，通常のハードスイッチングのハーフブリッジ方式と同じ回路構成で，制御方法を変えるだけでソフトスイッチングを実現できるので，いろいろな用途に応用されているが，ここでは昇圧チョッパと組み合わせた特徴のある応用例を紹介する。

BHB（Boost Half Bridge）**方式**と呼ばれている DC/DC コンバータの回路構成と電流径路を図 **3.58** に示す [9]。この回路から L_1 を除けば通常のハーフブリッジ回路である。追加された L_1 および Q_1，C_1，C_2 は昇圧チョッパを構成しており，全体として昇圧チョッパとハーフブリッジ方式の複合回路となっている。Q_1，Q_2 の駆動方法は通常の非対称制御ハーフブリッジと同じであり，短いデッドタイムを挟んで交互にオン・オフする。Q_1 がオンで Q_2 がオフの時の電流径路を図 3.58(a) に，Q_1 がオフで Q_2 がオンのときの電流径路を図 (b) に示す。実線の電流径路はハーフブリッジ回路の電流径路であり，図 (a) では C_1 から，図 (b) では C_2 から電力が供給されて2次側に伝達される。点線の電流径路は昇圧

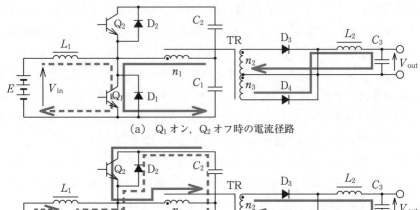

(a) Q_1 オン，Q_2 オフ時の電流径路

(b) Q_1 オフ，Q_2 オン時の電流径路

図 3.58　BHB 方式 DC/DC コンバータの回路構成と電流径路

チョッパの電流径路であり，図 (a) では L_1 にエネルギーが蓄積され，図 (b) で L_1 のエネルギーが C_1 と C_2 に伝達される。

　図 (b) では Q_2 と D_2 がともに導通するが，Q_2 に FET を使用すると D_2 は FET の寄生ダイオードを使用でき，Q_2 電流と D_2 電流は相殺される。通常の非対称ハーフブリッジ方式と同様に，3.4.3 項で説明されているように変圧器 TR には直流励磁が発生するが，励磁電流の直流成分も含めて計算すれば Q_2 電流の直流成分は完全にゼロとなる。したがって，Q_2 にはリプル電流しか流れないので小容量のスイッチ素子を選択できる。

　3.4.2 項で説明されているように，通常の非対称制御ハーフブリッジ方式では，出力電圧の最大値は $\frac{1}{2}\frac{n_2}{n_1}V_{\mathrm{in}}$ となるが，BHB 方式は昇圧チョッパとの複合回路なので，出力電圧 V_{out} の制御範囲は広く，式 (3.107) で表され，最大値は $2\frac{n_2}{n_1}V_{\mathrm{in}}$ となる [10]。

$$V_{\mathrm{out}} = 2\alpha\frac{n_2}{n_1}V_{\mathrm{in}} \tag{3.107}$$

3.4.8　非対称ハーフブリッジ回路

ハーフブリッジ回路の制御方式には，通常の制御方式と非対称制御方式の二つがあることを 3.4.1 項で説明した。ハーフブリッジ回路には回路構成にも通常の回路構成と非対称の回路構成の 2 種類がある。非対称の回路構成を**図 3.59** に示す。通常の回路構成では図 3.51 に示したように二つのコンデンサ C_3 と C_4 が電源 E に並列に接続されて対称的な回路構成であるが，図 3.59 では，一つのコンデンサ C_3 が変圧器の 1 次巻線に直列に接続されて対称性がないので，**非対称ハーフブリッジ回路**と呼ばれている。通常のハーフブリッジ回路には，通常の制御方式と非対称制御方式の二つが適用できたが，同様に非対称ハーフブリッジ回路も通常の制御方式と非対称制御方式の二つが適用可能である。しかし，非対称ハーフブリッジ回路はもっぱら非対称制御方式が適用されている。

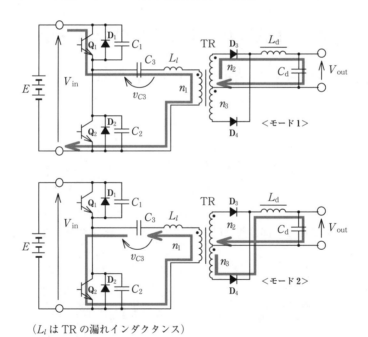

（L_l は TR の漏れインダクタンス）

図 3.59　非対称ハーフブリッジ回路の回路構成と電流径路

非対称ハーフブリッジ回路に非対称制御を適用したときの電流径路を図 3.59 に示す。通常のハーフブリッジ回路では，3.4.2 項で説明したように通流率 α に

応じて，二つのコンデンサ（図 3.51 の C_3, C_4）の電圧が変化して変圧器印加電圧の正負のバランスを確保したが，非対称ハーフブリッジ回路では一つのコンデンサ（図 3.59 の C_3）の電圧が変化して変圧器印加電圧のバランスを確保する。コンデンサ C_3 の電圧 v_{C3} は次式で与えられる。

$$v_{C3} = V_{\mathrm{in}}\alpha \tag{3.108}$$

出力電圧 V_{out} は通常のハーフブリッジ回路（図 3.51）と同じく次式で与えられる。

$$V_{\mathrm{out}} = 2\frac{n_2}{n_1}V_{\mathrm{in}}\alpha(1-\alpha) \tag{3.109}$$

直流励磁の発生やソフトスイッチングの原理も，通常のハーフブリッジ回路（図 3.51）と同じである。

3.5　DAB方式DC/DCコンバータ

3.5.1　DAB方式DC/DCコンバータの概要

DAB 方式 DC/DC コンバータは，双方向の電力変換が可能，大容量の電源装置に適する，ソフトスイッチングが可能，などの特長があり，近年とくに自動車や新エネの分野での応用が広く検討されている。DAB（Dual Active Bridge）方式の回路構成を**図 3.60** に示す。左右双方にフルブリッジ回路を持っているので **DAB 方式**と呼ばれている。L_1 と L_2 は変圧器の漏れインダクタンスを利用することもできる。C_1～C_8 はスイッチ素子の寄生容量または外付けコンデンサであり，L_1, L_2 とともに部分共振によるソフトスイッチングを実現する。回路構

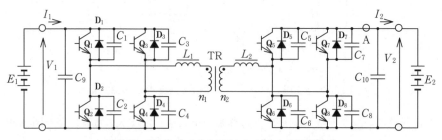

図 3.60　DAB 方式 DC/DC コンバータの回路構成

成が左右対称なので双方向に電力を制御することができる。

DAB 方式の等価回路を図 **3.61** に示す。図 3.60 から 2 次側の値を 1 次側に換算し，変圧器を省略している。換算式を以下に示す。

$$L = L_1 + \left(\frac{n_1}{n_2} \right)^2 L_2 \tag{3.110}$$

$$V_2' = V_2 \frac{n_1}{n_2} \tag{3.111}$$

$$I_2' = I_2 \frac{n_2}{n_1} \tag{3.112}$$

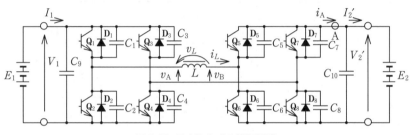

図 3.61　DAB 方式の等価回路

3.5.2　動作モードと電流径路

図 3.61 の等価回路で動作を検討する。図 **3.62** に示すように四つの基本となる動作モード（モード 1, 2, 3, 4）がある。$C_1 \sim C_8$ は基本動作モードには影響しないので図示していない。以下に各動作モードの概要を説明する。

＜モード 1-2：モード 1 後半＞

Q_1, Q_4, Q_6, Q_7 がオンしているので E_1 と E_2 が直列につながり，両者の電圧の和がリアクトル L に印加される。したがって，L の電流 i_L は正方向に急速に増加する。E_1 と E_2 はともに放電している。次式が成立する。

$$v_L = V_1 + V_2' \tag{3.113}$$

Q_6 と Q_7 がターンオフして次の動作モードに移行する。

＜モード 2 ＞

Q_6 と Q_7 がオフした結果 Q_6 と Q_7 の電流は D_5 と D_8 に転流する。その結果

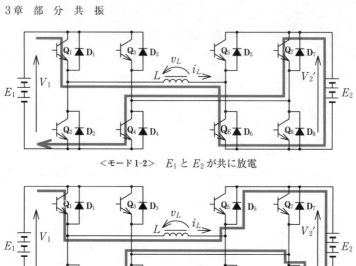

<モード1-2>　E_1 と E_2 が共に放電

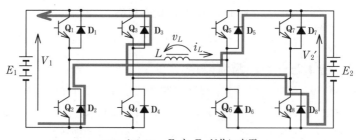

<モード2>　E_1 が放電, E_2 を充電

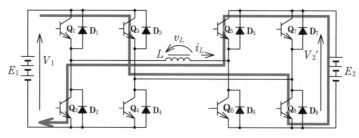

<モード3-1>　E_1 と E_2 が共に充電

<モード3-2>　E_1 と E_2 が共に放電

（次頁へ続く）

（前頁より続く）

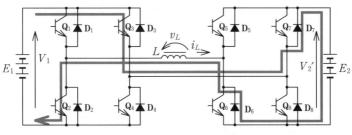

<モード4> E_1 が放電，E_2 を充電

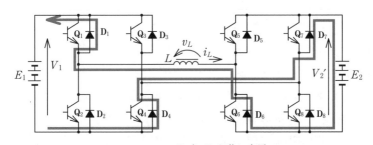

<モード1-1> E_1 と E_2 が共に充電

図 3.62 DAB 方式の動作モードと電流径路

E_2 は放電から充電に転じる。次式が成立する。

$$v_L = V_1 - V_2' \tag{3.114}$$

Q_1 と Q_4 がターンオフして次のモードに移行する。

<モード3-1：モード3前半>

　Q_1 と Q_4 がターンオフするが L の電流は同じ方向に流れ続けるので D_2 と D_3 が導通する。その結果 E_1 と E_2 はともに充電される。したがって，L には E_1 電圧と E_2 電圧の和が負方向に印加され，L の電流は急速に減少する。次式が成立する。

$$v_L = -(V_1 + V_2') \tag{3.115}$$

L の電流が急速に減少し，0 A となって次のモードに移行する。なお，Q_2 と Q_3 はこの期間に ZVS でターンオンする。

<モード3-2：モード3後半>

オンしているトランジスタはモード3-1と同じである。Lには引き続き式 (3.115) で与えられる負方向の電圧が印加されているので i_L は負の値となり，電流の方向がモード3-1から逆転し，Q_2, Q_3, Q_5, Q_8 を流れる。i_L は負方向に急速に増加する。Q_5 と Q_8 がターンオフして次のモードに移行する。

<モード4>

Q_5 と Q_8 がターンオフした結果，Q_5 と Q_8 の電流は D_6 と D_7 に転流する。その結果 E_2 は放電から充電に転じる。次式が成立する。

$$v_L = -V_1 + V_2' \tag{3.116}$$

Q_2 と Q_3 がターンオフして次のモードに移行する。

<モード1-1：モード1前半>

Q_2 と Q_3 がターンオフするが，L の電流は同じ方向に流れ続けるので D_1 と D_4 が導通する。その結果 E_1 と E_2 はともに充電される。したがって，L には E_1 電圧と E_2 電圧が加算されて電流とは逆方向に印加され，L の電流は急速に減少する。v_L の式はモード1-2と同じく，式 (3.113) である。L の電流が急速に減少し，0 A となってモード1-2に移行する。なお，Q_1 と Q_4 はこの期間に ZVS でターンオンする。

上記の動作モードから DAB 方式では Q_1〜Q_8 を適切に制御して E_1 と E_2 の極性を切り換え，その結果リアクトル L に印加される電圧を調整して L の電流を制御していることがわかる。リアクトル電流と E_1, E_2 の極性の関係を図 **3.63** に示す。

スイッチ素子のタイムチャートと v_A, v_B, i_L 波形を図 **3.64** に示す。図 3.61 に示すように，v_A はリアクトル L の E_1 側の電圧，v_B は E_2 側の電圧である。電力の流れが E_1 から E_2 のときは v_A は v_B より進む。位相差を θ とする。図 3.63 と図 3.64 から，i_L はモード1で正方向に増加，モード3で負方向に増加，モード2とモード4で E_1 が放電，E_2 を充電していることがわかる。なお，図 3.64 は E_1 の電圧 V_1 と E_2 の電圧 V_2 が等しいときの波形である。このときはモード2とモード4では L の電圧 v_L はゼロとなり，i_L は変化しない。$V_1 > V_2'$ のときはモード2とモード4では，L には電流を増加させる方向に電圧が印加され

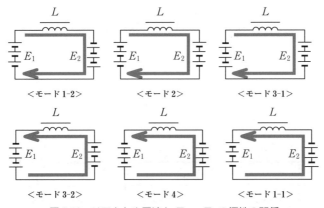

図 3.63　リアクトル電流と E_1，E_2 の極性の関係

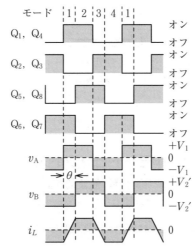

図 3.64　スイッチ素子のタイムチャートと波形

る。逆に $V_1 < V_2'$ のときは電流を減少させる方向に電圧が印加される。**図 3.65**
にそれぞれの場合の i_L 波形を示す。

　図 3.63 は電力の流れが左から右，即ち E_1 が放電，E_2 を充電，のときの動作
モードである。電力の流れを逆転させたときの動作モードを**図 3.66** に示す。図
3.63 と比べると，モード 1 とモード 3 で L の電流を増加させる方向が逆になる。

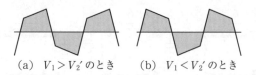

(a) $V_1 > V_2'$ のとき   (b) $V_1 < V_2'$ のとき

図3.65 入出力電圧の大小関係によるリアクトル電流 i_L の変化

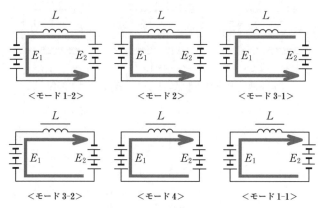

図3.66 電力の方向を逆転させたときの動作モード（E_2 が放電，E_1 を充電）

3.5.3　過渡状態の動作モードとソフトスイッチングの原理

モード1, 2, 3, 4それぞれの移行時に過渡的な動作モードが発生する。これらの動作モードによってソフトスイッチングが実現される。これらの動作モードの電流径路を図3.67に示す。各動作モードの概要は次の通りである。

<モード1-3：モード1からモード2への移行>

モード1-2（モード1後半）では図3.62に示したように，2次側では Q_6 と Q_7 に電流が流れている。Q_6 と Q_7 がターンオフすると，Q_6 と Q_7 に流れていた電流がリアクトル L の定電流機能により D_5 と D_8 に転流してモード2となる。モード1-3はその過渡時の動作モードである。

Q_6 と Q_7 がターンオフした結果 E_2 側の四つの素子はすべてオフ状態となる。それでもリアクトルの定電流機能により，電流 i_L は同じ値で次の二つの径路を

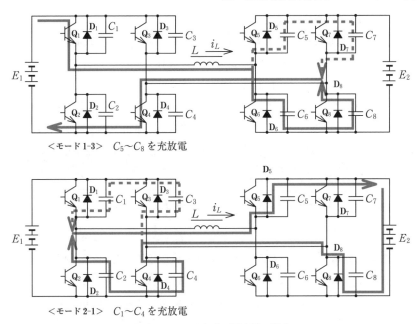

<モード1-3> $C_5 \sim C_8$ を充放電

<モード2-1> $C_1 \sim C_4$ を充放電

図 3.67 DAB 方式の過渡時の動作

流れ続ける。

$$L \rightarrow C_6 \rightarrow C_8 \rightarrow Q_4$$

$$L \rightarrow C_5 \rightarrow C_7 \rightarrow Q_4$$

その結果，C_6 と C_7 は充電され，C_5 と C_8 は放電される。充放電に要する時間は i_L の大きさとコンデンサの容量で決まり，1 周期に対して無視できるほど小さいが Q_6 と Q_7 のターンオフ時間よりは十分長い値となるように設計する。その結果 Q_6 と Q_7 のターンオフは ZVS となる。コンデンサの充放電が完了したあと，リアクトル電流はさらに流れ続けるので D_5 と D_8 が導通してモード 2 に移行する。D_5 と D_8 の導通後 Q_5 と Q_8 がターンオンするので，Q_5 と Q_8 のターンオンも ZVS である。

　これら一連の動作はリアクトル L の定電流機能による。したがって，モード 1-3 が完了してモード 2 に移行するための条件は，モード 1-2 終了時にリアクトル電流 i_L が正の値を持つことである。

＜モード2-1：モード2からモード3への移行＞

　モード2では図3.62に示したように，E_1 側では Q_1 と Q_4 に電流が流れている。Q_1 と Q_4 がターンオフすると Q_1 と Q_4 に流れていた電流がリアクトル L の定電流機能により D_2 と D_3 に転流してモード3となる。モード2-1はその過渡時の動作モードである。

　Q_1 と Q_4 がターンオフした結果，E_1 側の四つの素子はすべてオフ状態となる。それでもリアクトル電流 i_L は同じ値で次の二つの径路を流れ続ける。

$$L \to D_5 \to E_2 \to D_8 \to C_4 \to C_2 \to L$$
$$L \to D_5 \to E_2 \to D_8 \to C_3 \to C_1 \to L$$

その結果，C_1 と C_4 は充電され，C_2 と C_3 は放電される。充放電に要する時間はモード1-3と同様に，i_L の大きさとコンデンサの容量で決まり，1周期に対して無視できるほど小さいが，Q_1 と Q_4 のターンオフ時間よりは十分長い値となるように設計する。その結果，Q_1 と Q_4 のターンオフは ZVS となる。コンデンサの充放電が完了したあと，リアクトル電流はさらに流れ続けるので，D_2 と D_3 が導通してモード3に移行する。D_2 と D_3 の導通後，Q_2 と Q_3 がターンオンするので，Q_2 と Q_3 のターンオンも ZVS である。

　これら一連の動作はモード1-3と同様に，リアクトル L の定電流機能による。したがって，モード2-1が完了してモード3に移行するための条件はモード2の終了時にリアクトル電流 i_L が正の値を持つことである。

表3.4　過渡時の動作モードの詳細

過渡時のモード番号	1-3	2-1	3-3	4-1
開始前のモード番号	1-2	2	3-2	4
終了後のモード番号	2	3-1	4	1-1
ターンオフする素子（注1）	Q_6, Q_7	Q_1, Q_4	Q_5, Q_8	Q_2, Q_3
ターンオンする素子（注2）	Q_5, Q_8	Q_2, Q_3	Q_6, Q_7	Q_1, Q_4
充電されるコンデンサ	C_6, C_7	C_1, C_4	C_5, C_8	C_2, C_3
放電するコンデンサ	C_5, C_8	C_2, C_3	C_6, C_7	C_1, C_4
成立条件	$i_L > 0$	$i_L > 0$	$i_L < 0$	$i_L < 0$

（注1）ターンオフするのは前の動作モードの終了時である。
（注2）ターンオンするのは後の動作モードの開始直後である。

モード 3-2 からモード 4 へ移行するときは，過渡時の動作モード 3-3 が発生する。このときはモード 1-3 と同様に，E_2 側ブリッジのすべてのコンデンサの充放電が行われる。ただし，各コンデンサの充電と放電はモード 1-3 の逆である。また，モード 4 からモード 1-1 に移行するときには，過渡時の動作モード 4-1 が発生する。このときはモード 2-1 と同様に，E_1 側ブリッジのすべてのコンデンサの充放電が行われる。ただし，各コンデンサの充電と放電はモード 2-1 の逆である。これら過渡状態のすべての動作モードの詳細を表 **3.4** にまとめて示す。

3.5.4 リアクトル電流波形とその計算方法

前項で説明したように過渡時の動作モード成立の可否は，リアクトル電流 i_L の正負で決定される。また，出力電流，出力電圧などもリアクトル電流から計算される。リアクトル電流計算方法の概略は次の通りである。

リアクトル電流 i_L の波形と動作モードを図 **3.68** に示す。各パラメータを次のように定める。

t_0：モード 1-1 開始時刻
t_1：モード 1-2 開始時刻
t_2：モード 2 開始時刻
t_3：モード 3-1 開始時刻

なお，モード 1-3，2-1，3-3，4-1（過渡時の動作モード）は十分短いのでこ

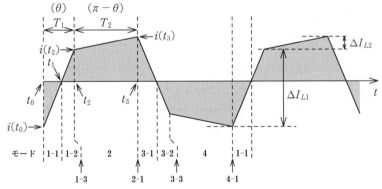

図 3.68 DAB 方式のリアクトル電流 i_L の波形と動作モード

の計算では無視する。

$i(t_0),\ i(t_1),\ i(t_2),\ i(t_3)$：時刻 $t_0,\ t_1,\ t_2,\ t_3$ のリアクトル電流

$T_1,\ T_2$：モード 1，モード 2 の継続時間

θ：1 周期を $2\pi[\mathrm{rad}]$ としたときの T_1 の角度

ΔI_{L1}：モード 1 のリアクトル電流変化量

ΔI_{L2}：モード 2 のリアクトル電流変化量

図 3.68 から明かなように次式が成立する。

$$T_2 \text{ の角度} = \pi - \theta \tag{3.117}$$

$$i(t_0) = -i(t_3) \tag{3.118}$$

$$i(t_1) = 0 \tag{3.119}$$

$$i(t_2) = i(t_3) - \Delta I_{L2} \tag{3.120}$$

$$i(t_3) = \frac{\Delta I_{L1} + \Delta I_{L2}}{2} \tag{3.121}$$

モード 1 の式 (3.113) とモード 2 の式 (3.114) より

$$
\begin{aligned}
\Delta I_{L1} + \Delta I_{L2} &= \frac{1}{L}(V_1 + V_2{}')T_1 + \frac{1}{L}(V_1 - V_2{}')T_2 \\
&= \frac{(T_1 + T_2)V_1 + (T_1 - T_2)V_2{}'}{L}
\end{aligned}
\tag{3.122}
$$

1 周期を T とすると T_1 と T_2 に関して次式が成立する。

$$T_1 = \left(\frac{\theta}{2\pi}\right)T = \frac{\theta}{\omega} \tag{3.123}$$

$$T_2 = \frac{\pi - \theta}{\pi} \times \frac{T}{2} = \frac{\pi - \theta}{\omega} \tag{3.124}$$

T_1 と T_2 を式 (3.122) に代入して，

$$\Delta I_{L1} + \Delta I_{L2} = \frac{\pi V_1 + (2\theta - \pi)V_2{}'}{\omega L} \tag{3.125}$$

よって

$$i(t_3) = \frac{\Delta I_{L1} + \Delta I_{L2}}{2} = \frac{\pi V_1 + (2\theta - \pi)V_2{'}}{2\omega L} \tag{3.126}$$

$$i(t_2) = i(t_3) - \Delta I_{L2} = \frac{(2\theta - \pi)V_1 + \pi V_2{'}}{2\omega L} \tag{3.127}$$

図 3.68 のモード 1 において，三角形の相似性より

$$(t_1 - t_0) : (t_2 - t_1) = -i(t_0) : i(t_2) = i(t_3) : i(t_2) \tag{3.128}$$

よって

$$t_1 - t_0 = T_1 \times \frac{i(t_3)}{i(t_2) + i(t_3)} \tag{3.129}$$

$$t_2 - t_1 = T_1 \times \frac{i(t_2)}{i(t_2) + i(t_3)} \tag{3.130}$$

t_0 を起点として $t_0 = 0$ とし，リアクトル電流の理論波形の確定に必要な式をまとめると以下のようになる。

$$t_1 = T_1 \times \frac{i(t_3)}{i(t_2) + i(t_3)} \tag{3.131}$$

$$t_2 = T_1 \tag{3.132}$$

$$t_3 = T_1 + T_2 \tag{3.133}$$

$$T_1 = \frac{\theta}{\omega} \tag{3.134}$$

$$T_2 = \frac{\pi - \theta}{\omega} \tag{3.135}$$

$$i(t_0) = -i(t_3) \tag{3.136}$$

$$i(t_1) = 0 \tag{3.137}$$

$$i(t_2) = \frac{(2\theta - \pi)V_1 + \pi V_2{'}}{2\omega L} \tag{3.138}$$

$$i(t_3) = \frac{\pi V_1 + (2\theta - \pi)V_2{'}}{2\omega L} \tag{3.139}$$

$$V_2{'} = \left(\frac{n_1}{n_2}\right)V_2 \tag{3.140}$$

$$\omega = 2\pi f \tag{3.141}$$

したがって，次の 6 個の数値を与えれば理論波形が確定する

　　動作周波数 f，リアクトルのインダクタンス L，入力電圧 V_1，出力

電圧 V_2, 変圧比 $\dfrac{n_1}{n_2}$, 角度 θ

3.5.5　出力電流と出力電力計算式の導出

図 3.63 から, 電力の流れが E_1 から E_2 のとき, E_2 は次のように四つの動作モードで充電され, 二つの動作モードで放電している.

充電 モード 2, 3-1, 4, 1-1

放電 モード 1-2, 3-2

これら六つの動作モードにおいて, 図 3.60 の平滑コンデンサ C_{10} の手前の点 A を通過する電荷を計算する. 点 A を通過する電荷の和は負荷 (電圧源 E_2) に供給される電荷に等しく, 電荷から出力電流と出力電力を求める. なお, モード 1-3 などの過渡時の動作モードは電荷の計算では無視できる.

(1)　電 荷 の 計 算

図 3.68 より, 動作モード 1-1, 1-2, 2 において点 A を通過する電荷 Q_{1-1}, Q_{1-2}, Q_2 はそれぞれ次のように導出される.

$$Q_{1-1} = (t_1 - t_0) \times |i(t_0)| \div 2 = (t_1 - t_0) \times i(t_3) \div 2 \qquad (3.142)$$

$$Q_{1-2} = (t_2 - t_1) \times i(t_2) \div 2 \qquad (3.143)$$

$$Q_2 = T_2 \times (i(t_2) + i(t_3)) \div 2 \qquad (3.144)$$

式 (3.129), (3.134), (3.138), (3.139) を式 (3.142) に代入して整理すると

$$Q_{1-1} = \frac{\left(\pi V_1 + (2\theta - \pi) V_2'\right)^2}{8\omega^2 L \left(V_1 + V_2'\right)} \qquad (3.145)$$

式 (3.130), (3.134), (3.138) を式 (3.143) に代入して

$$Q_{1-2} = \frac{\left((2\theta - \pi) V_1 + \pi V_2'\right)^2}{8\omega^2 L \left(V_1 + V_2'\right)} \qquad (3.146)$$

式 (3.135), (2.138), (3.139) を式 (3.144) に代入して

$$Q_2 = \frac{\theta (\pi - \theta)(V_1 + V_2')}{2\omega^2 L} \qquad (3.147)$$

モード 3-1, 3-2, 4 の充放電電荷はそれぞれモード 1-1, 1-2, 2 に等しいので,
1 サイクルに点 A を通過する電荷 Q は

$$Q = 2 \times (Q_{1-1} - Q_{1-2} + Q_2) \tag{3.148}$$

式 (3.145), (3.146), (3.147) を式 (3.148) に代入して整理すると次式が得られる。

$$Q = \frac{2V_1\theta(\pi - \theta)}{\omega^2 L} \tag{3.149}$$

(2) 出力電流と出力電力の計算

「電流 ＝ 1 サイクルの電荷 × 周波数」なので

$$出力電流\ I_2' = Q \times f \tag{3.150}$$

式 (3.149) を式 (3.150) に代入して整理すると

$$I_2' = \frac{V_1}{\omega L}\theta\left(1 - \frac{\theta}{\pi}\right) \tag{3.151}$$

$$I_2 = \frac{V_1}{\omega L}\theta\left(1 - \frac{\theta}{\pi}\right)\frac{n_1}{n_2} \tag{3.152}$$

式 (3.151) は $\theta = \pi/2$ のとき最大となり, I_2' の最大値を $I_{2'\max}$ とすると

$$I_{2'\max} = \frac{V_1}{\omega L}\frac{\pi}{4} \tag{3.153}$$

$$I_{2\max} = \frac{V_1}{\omega L}\frac{\pi}{4}\frac{n_1}{n_2} \tag{3.154}$$

表 3.5 DAB 方式回路定数の例

項目	回路定数
動作周波数 f	40 kHz
リアクトル容量 L	100 μH
入力電圧 V_1	400 V
出力電圧 V_2	220 V
変圧比 $a(n_1/n_2)$	2
角度 θ	30 度

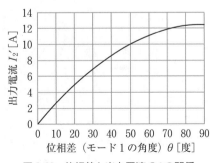

図 3.69 位相差と出力電流 I_2' の関係

出力電力 P は出力電流の式から以下のように求まる。

$$P = \frac{V_1 V_2'}{\omega L} \theta \left(1 - \frac{\theta}{\pi}\right) \tag{3.155}$$

$$P_{\max} = \frac{V_1 V_2'}{\omega L} \frac{\pi}{4} \tag{3.156}$$

表 3.5 の条件で θ を 0 度から 90 度に変化させ，式 (3.151) を用いて位相差と出力電流 I_2' の関係を描画すると，**図 3.69** を得る。θ を制御することにより出力電流を制御できる[11]。

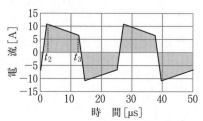

（a）ソフトスイッチング成立（$V_2 = 220$ V）

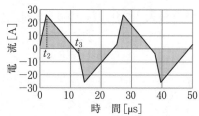

（b）ソフトスイッチング不成立（$V_2 = 340$ V）

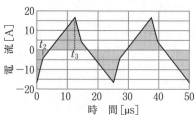

（c）ソフトスイッチング不成立（$V_2 = 100$ V）

図 3.70　ソフトスイッチングの成否とリアクトル電流 i_L の波形

3.5.6 ソフトスイッチング成立条件

3.5.4 節で求めた式 (3.131)〜(3.141) を用い，表 3.5 の回路定数で計算したリアクトル電流 i_L の波形を図 **3.70**(a) に示す。時刻 t_2 と t_3 で $i_L > 0$ となっており，この条件ではソフトスイッチングが成立する。表 3.5 の定数から V_2 を 340 V に変更したときの i_L 波形を図 (b) に示す。時刻 t_3 で $i_L < 0$ となっており，動作モード 2 から 3 に切り換わるときにソフトスイッチングが成立しない。V_2 を 100 V に変更したときの i_L 波形を図 (c) に示す。時刻 t_2 で $i_L < 0$ となっており，動作モード 1 から 2 に切り換わるときにソフトスイッチングが成立しない。

動作モード 2 から 3 に切り換わるときにソフトスイッチングが成立しないときの電流径路を図 **3.71** に示す。モード 2 終了時に $i_L < 0$ となっているので，D_1 と D_4 が導通している。この状態で Q_2 と Q_3 がターンオンするので，D_1 と D_4 の

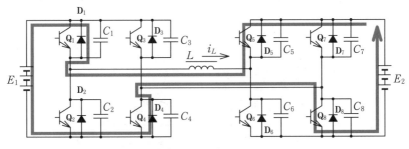

＜モード 2 終了時＞　電流の方向が逆転し，$i_L < 0$ である。

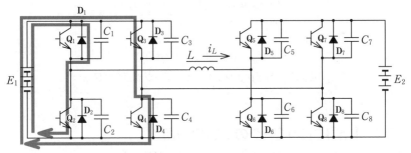

＜モード 2-1'＞　D_1 と D_4 の逆回復時間に流れる大きな電流

図 3.71 ソフトスイッチング不成立時の電流径路

逆回復時間に図 3.71 の＜モード 2-1′ ＞の径路で大きな電流が流れる。

　ソフトスイッチング成立のためには，$i(t_2) > 0$ および $i(t_3) > 0$ を満足する必要があり，そのための条件が式 (3.138) と (3.139) より次のように導出される。

$$i(t_3) = \frac{\pi V_1 + (2\theta - \pi)V_2{}'}{2\omega L} > 0$$

整理して

$$\theta > \frac{\pi}{2}\left(1 - \frac{V_1}{V_2{}'}\right) \tag{3.157}$$

$$i(t_2) = \frac{(2\theta - \pi)V_1 + \pi V_2{}'}{2\omega L} > 0$$

整理して

$$\theta > \frac{\pi}{2}\left(1 - \frac{V_2{}'}{V_1}\right) \tag{3.158}$$

式 (3.157) と式 (3.158) から導出した昇圧比と，ソフトスイッチング成否の関係を図 3.72 に示す。昇圧比が 1 以外ではソフトスイッチングの成立する領域に限界がある[11]。

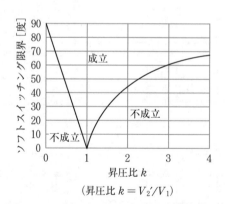

（昇圧比 $k = V_2{}'/V_1$）

図 3.72　昇圧比とソフトスイッチング成否の関係

3.5.7　DAB コンバータの 2 つの短所

　図 3.72 に示すように，DAB コンバータでは昇圧比 $k \neq 1$ のときはソフトスイッチングの成立に限界があり，位相差（モード 1 の角度）θ が小さいとき，す

なわち出力電流が小さいときはソフトスイッチングは成立しない。入力電圧 V_1 と出力電圧 V_2 が常に一定なら，変圧器の変圧比を適切に設計することによって常に $k = 1$ にできるが，V_1 と V_2 に変動があれば $k \neq 1$ となり，変動範囲が大きいほどソフトスイッチングの成立する領域が狭くなる。

また，図 3.63 は E_2 が充電される場合の電流の方向を示しているが，モード 1-2 と 3-2 では E_2 は充電されずに放電しており，電力の逆流が発生している。図 3.66 は E_1 が充電される場合の電流の方向を示しているが，やはりモード 1-2 と 3-2 では電力の逆流が発生している。電力の逆流は無効電力の増加をもたらし，スイッチ素子や変圧器の損失増加を招く。

このように，DAB コンバータはソフトスイッチングの成立範囲に限界があること，および電力の逆流が発生すること，という 2 つの短所が存在する。

3.5.8 運転台数制御によるソフトスイッチング範囲の拡大

通常の DC/DC コンバータは制御対象が出力電圧であり，通流率や動作周波数を制御することにより出力電圧を所定の値に制御できる。位相シフトフルブリッジ方式（3.3 節）では，位相角 θ を制御することにより出力電圧を制御する。逆に DAB コンバータでは，制御対象は出力電圧ではなく出力電流であり，図 3.69 に示すように位相角 θ を制御することにより出力電流を所定の値に制御できる。

複数台の DC/DC コンバータを並列運転する場合，それぞれの電流分担を等しくするための制御（平衡運転制御）が必要となるが，通常の DC/DC コンバータでは制御対象が出力電流ではなく出力電圧であるため，平衡運転のための特別な制御システムが必要となる。しかし，DAB コンバータでは制御対象が出力電流なので，単に位相角 θ を同じ値にするだけで並列接続された全ての DAB コンバータの平衡運転が実現できる。このように，DAB コンバータは並列運転に適しており，さらに DAB コンバータは大容量のシステムに使用される場合が多いので，システム容量を拡大するために並列運転が必要となることが多い。

図 3.73(a) に DAB コンバータの 2 台並列運転の例を示す。通常は平衡運転しており，$I_1 = I_2 = (1/2)I_3$ であるが，システムの出力電流 I_3 が小さく，ソフトスイッチングの限界値（$I_{\lim}$ とする）を下回った場合は No.2 を運転停止し，$I_1 = I_3$ とする。このように運転台数制御することにより，ソフトスイッチングの限界値を $(1/2)I_{\lim}$ に抑制できる。N 台の並列運転なら限界値を $(1/N)I_{\lim}$

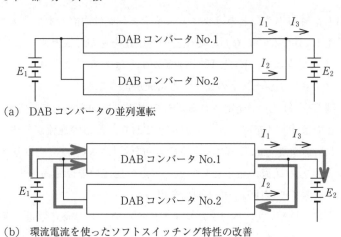

(a)　DAB コンバータの並列運転

(b)　環流電流を使ったソフトスイッチング特性の改善

図 **3.73**　運転台数制御によるソフトスイッチング特性の改善

に抑制できる。

　図 3.73(b) に環流電流を使ったソフトスイッチング特性の改善例を示す [12]。DAB コンバータは双方向の電力制御が可能なので，図 (b) のように DAB コンバータ No.2 を E_2 側を入力，E1 側を出力として運転することができる。No.2 の出力電流は No.1 の入力電流となって環流する。前記のように，図 (a) の運転台数制御ではソフトスイッチングの限界を $I_3 = (1/2)I_{\lim}$ とすることができるが，$I_3 < (1/2)I_{\lim}$ の場合はソフトスイッチングを実現できない。この場合，図 (b) の運転方法で $I_2 = -(1/2)I_{\lim}$ とすれば $I_3 = 0$ の場合でも $I_1 = (1/2)I_{\lim}$ となり，いかなる場合もソフトスイッチングを実現することができる。ただし，環流電流は負荷に供給されないので電力効率は低下する。

3.5.9　間欠動作によるソフトスイッチング範囲の拡大

　図 **3.74** に間欠動作を用いてソフトスイッチング範囲を拡大した例を示す。図 (a) は通常の制御で軽負荷時のリアクトル電流 i_L の波形である。モード 2 終了時（時刻 t_2）で i_L が負になっており，ソフトスイッチング不成立である。図 (b) は間欠動作時の i_L 波形であり，1 サイクルごとに動作を休止させている。このような動作で図 (a) と同じ出力電流を供給すると，i_L のピーク値 $i_{L\mathrm{peak}}$ が大きくなり，モード 2 終了時の i_L が正の値となってソフトスイッチング可能とな

る。図（b）では動作回数が 1/2 になるように間欠動作させているが，1/3 や 1/4 とすればさらに軽負荷までソフトスイッチングを実現できる。

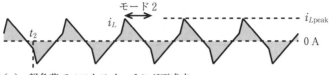

（a）　軽負荷でソフトスイッチング不成立

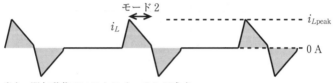

（b）　間欠動作でソフトスイッチング成立

図 3.74　間欠動作によるソフトスイッチング範囲の拡大

3.5.10　片側 PWM 制御

(1)　片側 PWM 制御の概要

DAB コンバータでは，図 3.64 に示したように常に二つのスイッチ素子が同時にオンオフし，その結果左右二つのブリッジ回路の交流側電圧 v_A と v_B の波形は方形波になる。片側 PWM 制御のタイムチャートと v_A, v_B 波形を図 3.75 に示す。図 3.64 の制御方法とは異なり，片側のブリッジ（図 3.75 では Q_5〜Q_8 のブリッジ）は位相シフト制御を行う。すなわち，Q_5 と Q_6 および Q_8 と Q_7 は交互にオンオフし，Q_5, Q_6 のペアと Q_8, Q_7 のペアは θ_2 の位相差を持ってオンオフする。Q_5〜Q_8 の制御方法は 3.3 節の位相シフトフルブリッジ方式と同じであり，その結果 v_B 電圧波形は方形波ではなく，図 3.75 に示すように θ_{PW} のパルス幅を持つ PWM 波形になる。このように，二つのブリッジのうち片側の交流側波形が PWM 波形になるので片側 PWM 制御といい，ソフトスイッチング範囲の拡大と逆流電流の抑制が期待できる。次式が成立する。

$$\theta_{PW} = 180° - \theta_2 \tag{3.159}$$

なお，$\theta_2 = 0$ が図 3.64 の通常の制御に該当する。左側（E_1 側）のスイッチ素

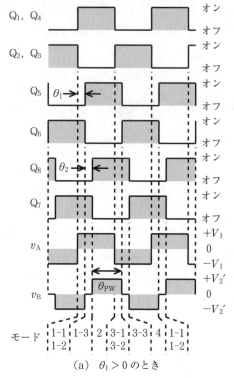

(a) $\theta_1 > 0$ のとき

図 3.75 片側 PWM 制御の

子 Q_1 がターンオンするタイミングを時間の原点と考え，右側（E_2 側）のスイッチ素子 Q_5 がターンオンするまでの位相角を θ_1 とする。図 3.75(a) では Q_1 がターンオンしたあとで Q_5 がターンオンしているので $\theta_1 > 0$，図 (b) では Q_1 がターンオンする前に Q_5 がターンオンしているので $\theta_1 < 0$ となる。θ_1 の正負により各動作モードにおける電流経路が変化し，特にソフトスイッチングの可否に影響が現れる。

図 3.75 では右側（E_2 側）の電圧 v_B をパルス幅制御しているが，これは E_2 側の電圧 V_2' が E_1 側の電圧 V_1 より高い場合の制御方法であり，逆に $V_1 > V_2'$ の場合は v_A をパルス幅制御する。すなわち，電源電圧が高い側の交流電圧のパルス幅を絞るように制御する。

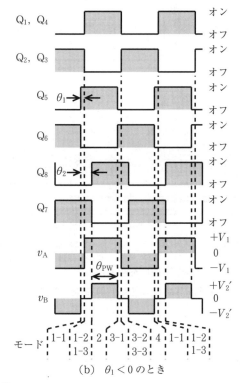

(b) $\theta_1 < 0$ のとき

タイムチャートと波形

(2) $\theta_1 > 0$ のときの電流径路

$\theta_1 > 0$ では図 3.62 に示す通常制御時の六つの電流径路がそのまま現れる。ただし，PWM 制御の結果 v_B に 0 V 期間が生じるので，そのときの動作モード 1-3 と 3-3 が追加される。追加された二つの動作モードの電流径路を図 **3.76** に示す。モード 1-3 では Q_5（D_5）と Q_7 が導通するので，図のように変圧器の 2 次側が短絡される。Mode 1-1 と 1-2 では図 3.62 に示すように，電源 E_1 と E_2 が直列に動作してリアクトル L に $V_1 + V_2{}'$ の大きな電圧が正方向に印加され，リアクトル電流 i_L は急峻に変化するが，Mode 1-3 では L には V_1 電圧だけが印加されるので電流の変化がゆるやかになる。この状態で Q_7 が ZVS でターンオフしてモード 2 に移行する。

モード 3-3 では Q_6（D_6）と Q_8 で変圧器の 2 次側が短絡され，モード 1-3 と

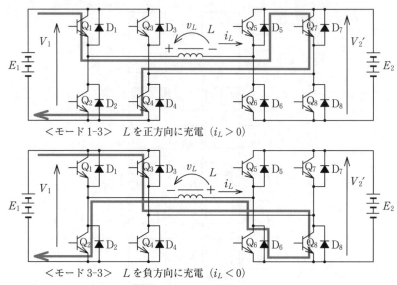

<モード1-3>　Lを正方向に充電（$i_L > 0$）

<モード3-3>　Lを負方向に充電（$i_L < 0$）

図3.76　片側PWM制御（$\theta_1 > 0$）追加される動作モード

同様に L に V_1 電圧が印加される。ただし、印加方向はモード1-3とは逆であり、リアクトル電流 i_L は負方向に増加する。この状態で Q_8 が ZVS でターンオフしてモード4に移行する。

　このように、$\theta_1 > 0$ では「i_L がゆるやかに変化する」という動作モードが追加されるので、i_L のピーク値の抑制が可能であり、その結果逆流電流の抑制とソフトスイッチング範囲の拡大が期待できる。

(3)　$\theta_1 < 0$ のときの電流径路

　$\theta_1 < 0$ では Q_1 よりも Q_5 が先にオンするので、$\theta_1 > 0$ の時や通常制御時とは異なり、E_1 と E_2 が直列に動作して $V_1 + V_2'$ が L に印加される動作は発生しない。したがって、図3.62（通常制御時）とは電流径路がかなり相違する。$\theta_1 < 0$ 時の全動作モードの電流径路を**図3.77** に示し、その概要を以下に説明する。理解しやすいようにモード2の説明から始める。

<モード2：（Q_1, Q_4, Q_5, Q_8 が ON）>

　L のエネルギーで E_1 が放電し、E_2 を充電している。図3.62（通常制御時）のモード2と同じ動作である。通常制御時はこの状態から Q_1, Q_4 がターンオフ

して Q_2, Q_3 がターンオンするのでソフトスイッチングが実現するが, $\theta_1 < 0$ のときはこの状態から Q_5 がターンオフして Q_6 がターンオンする。したがって, D_5 が導通している状態で Q_6 がターンオンするので, D_5 のリカバリ期間に $E_2 \to D_5 \to Q_6 \to E_2$ の径路で大きな電流が流れてハードスイッチングとなる。

<モード3-1：(Q_1, Q_4, Q_6, Q_8 が ON）>

E_1 の電圧 V_1 が正方向に L に印加される。よって, L の電流は正方向に増加する。Q_1, Q_4 が ZVS でターンオフし, Q_2, Q_3 が ZVS でターンオンして次のモードに移行する。

<モード3-2：(Q_2, Q_3, Q_6, Q_8 が ON）>

L には正方向の電流が流れているが, E_1 の電圧 V_1 が負方向に L に印加されている。よって, L の正方向の電流は減少する。やがて電流の方向が反転し, 次のモードに移行する。

<モード3-3：(Q_2, Q_3, Q_6, Q_8 が ON）>

引き続き V_1 が負方向に L に印加されている。よって, L の電流は負方向に増加する。この状態で Q_8 が ZVS でターンオフ, Q_7 は ZVS でターンオンして次のモードに移行する。

<モード4：(Q_2, Q_3, Q_6, Q_7 が ON）>

L のエネルギーで E_1 が放電し, E_2 を充電している。図 3.62（通常制御時）のモード4と同じ動作である。この状態から Q_6 がターンオフ, Q_5 がターンオンして次のモードに移行する。Q_5 のターンオンにより D_6 のリカバリ期間中に大きな電流が流れてハードスイッチングとなる。

なお, モード4はモード2と i_L と v_L の極性が逆になっているが, 動作原理は同じである。同様に, モード1-1, モード1-2, モード1-3はそれぞれ, モード3-1, モード3-2, モード3と動作原理は同じなので説明は省略する。

（4）$\theta_1 < 0$ のときの軽負荷時の動作

上記のように, $\theta_1 < 0$ ではモード2とモード4の終了時はソフトスイッチングが実現できない。しかし, 軽負荷時は動作モードが変化し, ソフトスイッチングが成立する。上記のように, モード2では L のエネルギーで E_1 が放電し, E_2 を充電しているので $v_L = V_1 - V_2'$ となる。$V_1 < V_2'$ なら $v_L < 0$ なので L の電流 i_L は減少する。したがって, 軽負荷時は i_L はモード2の途中で負の値と

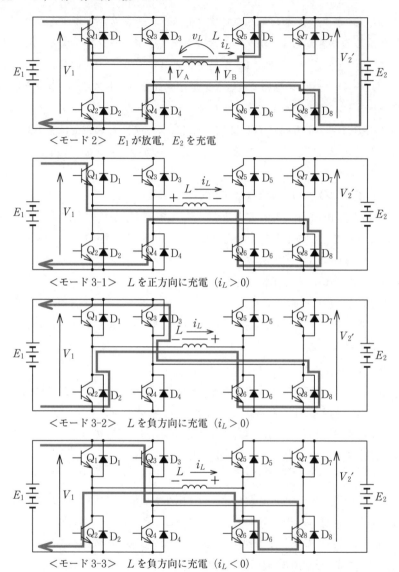

<モード2>　E_1 が放電，E_2 を充電

<モード3-1>　L を正方向に充電 （$i_L > 0$）

<モード3-2>　L を負方向に充電 （$i_L > 0$）

<モード3-3>　L を負方向に充電 （$i_L < 0$）

図 3.77　片側 PWM 制御

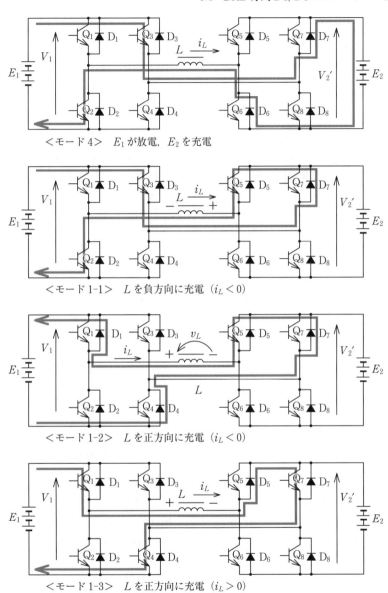

<モード 4> E_1 が放電，E_2 を充電

<モード 1-1> L を負方向に充電（$i_L < 0$）

<モード 1-2> L を正方向に充電（$i_L < 0$）

<モード 1-3> L を正方向に充電（$i_L > 0$）

（$\theta_1 < 0$）動作モードと電流径路

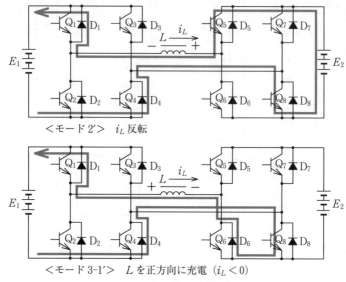

<モード 2'> i_L 反転

<モード 3-1'> L を正方向に充電 ($i_L < 0$)

図 3.78 片側 PWM 制御 ($\theta_1 < 0$) 軽負荷時に生じる動作モード

なる。この動作モードをモード 2' とし，その電流径路を**図 3.78** に示す。**図 3.77**
のモード 2 に対して，電流径路は同じだが方向は逆転している。この状態で Q_5
が ZVS でターンオフ，Q_6 が ZVS でターンオンしてモード 3-1' に移行する。

　このように，$\theta_1 < 0$ のときはモード 2 の終了時において，定格負荷時（重負
荷時）はソフトスイッチングできないが軽負荷時はソフトスイッチング可能と
なる。通常の制御の時はモード 2 の終了時において，定格負荷時（重負荷時）は
ソフトスイッチング可能であるが，図 3.74(a) に例を示したように軽負荷時はソ
フトスイッチングできない場合がある。片側 PWM 制御でも $\theta_1 > 0$ のときは
通常制御と同じ現象となる。まとめると**表 3.6** のようになる。したがって，片側
PWM 制御において負荷の大小に応じて $\theta_1 > 0$ と $\theta_1 < 0$ を使い分ければソフト

表 3.6 モード 2 終了時のソフトスイッチングの可否

制御の種類	定格負荷時（重負荷時）	軽負荷時
通常制御	可	不可の場合あり
片側 PWM 制御 ($\theta_1 > 0$)	可	不可の場合あり
片側 PWM 制御 ($\theta_1 < 0$)	不可	可

スイッチング可能領域を拡大することができる。

3.5.11　シミュレーションでの動作確認

通常制御および片側 PWM 制御の理解を深めるために次の五つ波形のシミュレーション結果を図 3.79 に示す。

波形：リアクトル L の入力側電圧 v_A と出力側電圧 v_B，リアクトル L の電圧 v_L と電流 i_L，出力側平滑コンデンサの手前の電流 i_A（図 3.61 の点 A の電流）

シミュレーション条件は表 3.5 に合わせているが，出力電圧 V_2 や角度 θ は表 3.7 のように変化させている。各シミュレーション条件の波形から次のことがわかる。

表 3.7　シミュレーション条件

図 3.79	図 (a)	図 (b)	図 (c)	図 (d)
制御方式	通常制御	通常制御	片側 PWM	片側 PWM
$V_2\,[\mathrm{V}]$	220	300	300	300
$V_2{'}\,[\mathrm{V}]$	440	600	600	600
$\theta\,[^\circ]$	30	30	—	—
$\theta_1\,[^\circ]$	—	—	10	−20
$\theta_2\,[^\circ]$	—	—	51.8	70
$I_\mathrm{out}\,[\mathrm{A}]$	13.9	13.9	13.9	5.1

共通事項：$V_1 = 400\,\mathrm{V}$，$n_1/n_2 = 2$，$L = 100\,\mu\mathrm{H}$，$f = 40\,\mathrm{kHz}$

＜図 (a)＞

表 3.5 および図 3.70(a) と同じ動作条件である。したがって，図 3.79(a) の i_L 波形は図 3.70(a) と等しい。通常制御なので v_A と v_B は共に方形波である。v_L は次式で計算される。

$$\text{モード } 1 : v_L = V_1 + V_2{'} = 840\,\mathrm{V}$$

$$\text{モード } 2 : v_L = V_1 - V_2{'} = -40\,\mathrm{V}$$

モード 1 では v_L は大きな正の値なのでモード 1 の i_L は大きな正の勾配を持っている。モード 2 では v_L が小さな負の値（図 (a) の①部分）なので i_L は小さな負の勾配を持っている（図 (a) の②部分）。モード 2 の始まりと終わり（t_2 と

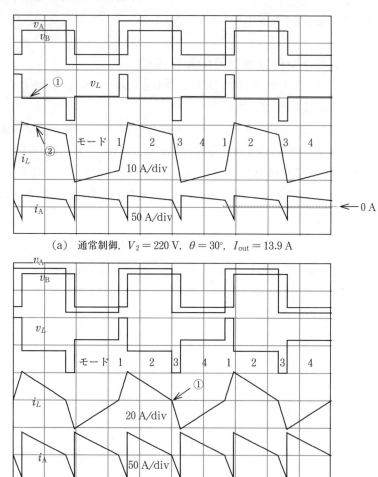

(a) 通常制御，$V_2 = 220\,\mathrm{V}$，$\theta = 30°$，$I_{\mathrm{out}} = 13.9\,\mathrm{A}$

(b) 通常制御，$V_2 = 300\,\mathrm{V}$，$\theta = 30°$，$I_{\mathrm{out}} = 13.9\,\mathrm{A}$

図 3.79 シミュレーション波形

t_3) で $i_L > 0$ なので，ソフトスイッチングが成立している。i_A はモード 1 と 3 の後半で負の値となっており，電力の逆流が発生している。

<図 (b)>

図 (a) と同じ条件で V_2 だけを大きくしている。モード 2 の v_L は $V_1 - V_2{}' = -200\,\mathrm{V}$ と大きな負の値である。したがって，モード 2 の i_L は大きな負の勾配

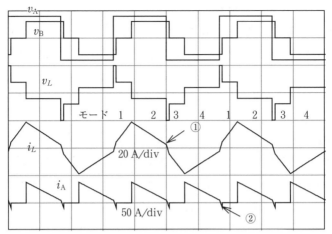

(c) 片側 PWM 制御, $V_2 = 300$ V, $\theta_1 = 10°$, $\theta_2 = 51.8°$, $I_{\text{out}} = 13.9$ A

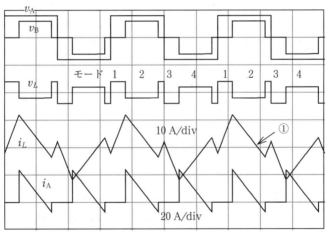

(d) 片側 PWM 制御, $V_2 = 300$ V, $\theta_1 = -20°$, $\theta_2 = 70°$, $I_{\text{out}} = 5$ A

(v_A, v_B は 500 V/div, v_L は 1000 V/div)

をもっており，モード 2 の終了時① (時刻 t_3) で $i_L = 0$ となっているのでソフトスイッチングは実現できない。V_1 と θ は図 (a) と同じなので出力電流 I_{out} は図 (a) と等しい。

<図 (c)>
V_2 と出力電流は図 (b) と同じであるが，制御方法を片側 PWM 制御とし，

$\theta_1 = 10°$,$\theta_2 = 51.8°$ で動作させている。図からわかるようにモード2の終了時①でリアクトル電流 i_L は正の値を保っており,ソフトスイッチング可能である。また,②からわかるように出力電流 i_A の逆流が小さく,その結果図(b)の場合よりリアクトル電流 i_L のピーク値が抑制されている。このように,片側 PWM 制御を使用するとソフトスイッチングの範囲を拡大することができると同時に電力の逆流を小さくでき,その結果リアクトルやスイッチ素子のピーク電流を抑制することができる。

＜図(d)＞

V_1 と V_2' の差が大きく($V_1 - V_2' = -200\,\mathrm{V}$),$I_{\mathrm{out}}$ が5Aと軽負荷時の波形である。このような条件では通常制御や,片側 PWM で $\theta_1 > 0$ の制御では,ソフトスイッチングは実現できない。図(d)では θ_1 を負の値($-20°$)としている。①に示すように,モード2の途中で i_L が正から負に反転しているので,3.5.10(4)項で説明した動作となり,ソフトスイッチングが成立する。

3.5.10 項での考察,およびシミュレーション波形の確認からわかるように,片側 PWM 制御の効果を次のようにまとめることができる。

・$\theta_1 > 0$ で重負荷のときは,通常制御と同様にソフトスイッチングを実現できる。θ_1 と θ_2 を適切に制御すれば通常制御よりソフトスイッチングの範囲を拡大できる。

・同時に,出力電流 i_A の逆流を抑制でき,その結果リアクトル電流のピーク値を抑制できる。

・$\theta_1 > 0$ で限界を超えて軽負荷となると,通常制御と同様にモード2とモード4の末期で電流の逆転が発生し,ソフトスイッチングを実現できない。

・逆に,$\theta_1 < 0$ のときは軽負荷時にソフトスイッチングを実現できるので,この動作を利用すればソフトスイッチング範囲を拡大できる。

4章 電流共振と電圧共振

　1章で説明しているように，電流共振・電圧共振は 1980 年代に広く研究され実用化されたが，導通損失や部品点数の増加，PWM 制御ができない，などの欠点があり，1990 年代からは電流共振・電圧共振に代わって部分共振がソフトスイッチングの主流となった。しかし 2010 年代からは，電流共振の 1 種である LLC コンバータが広く使われるようになり，さらに非接触給電の分野で，電圧共振の仲間である E 級スイッチングをはじめ，電流共振・電圧共振が広く研究されるようになってきた。

　本章では電流共振・電圧共振の動作原理と各種回路方式の特性を詳しく説明する。また，LLC コンバータの基本から新しい技術動向までを説明する。

4.1　電流共振型

4.1.1　電流共振型の概要

　電流共振型はスイッチ素子の近傍に設けたリアクトルとコンデンサの共振動作を利用してスイッチ素子の電流波形を正弦波状の波形とすることにより，ゼロ電流スイッチング（ZCS）を実現した回路方式である。共振電流が流れている期間はスイッチ素子はオン状態を維持しなければならないので PWM 制御はできず，周波数が変動する。スイッチ素子の電流は正弦波状の共振電流となるのでピーク電流が大きくなる。また，ゼロ電圧スイッチング（ZVS）はできないので，スイッチ素子のターンオン時にスイッチ素子の寄生容量に蓄積された電荷が消費されて電力損失となる。また，ターンオフ時にはスイッチ素子の電圧がいきなり高電圧となるので，スイッチ素子の寄生容量とスイッチ素子近傍のインダクタンス成分の間で高周波の振動が発生することがある。

　電流共振型は 1980 年代に広く研究されて実用化されたが，以上のような欠点があるので 2000 年代以降はあまり使用されなくなった。しかし，電流共振型の

一種である LLC コンバータは ZCS と同時に ZVS も実現している。さらに，スイッチ素子のピーク電流も抑制されており，電流共振型の欠点がかなり克服されているので，2010 年代以降広く使用されるようになった。LLC コンバータの詳細については 4.2 節で説明する。

　電流共振型には多くの種類の回路方式があるが，まず 4.1.2 項で最も基本的な回路方式である電流共振型昇圧チョッパについて詳しく説明する。その後電流共振型降圧チョッパおよび絶縁型の回路方式を説明する。

4.1.2　電流共振型昇圧チョッパ

(1)　回路構成と動作モード

　電流共振型昇圧チョッパの回路構成と各部の記号を図 4.1 に示す。電圧と電流は矢印の方向を正の方向と定義する。通常のハードスイッチングの昇圧チョッパに対して，スイッチ素子 Q と直列にリアクトル L_r，ダイオード D と並列にコンデンサ C_r を挿入している。L_r と C_r が共振して Q の電流波形は正弦波状の波形となり，ゼロ電流スイッチング（ZCS）が実現する。なお，Q に FET を使う場合は D_Q は Q の寄生ダイオードを使用できる。

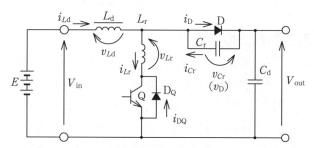

図 4.1　電流共振型昇圧チョッパの回路構成と各部の記号

　ZCS が成立しているときの各動作モードの電流経路を図 4.2 示す。モード 1 からモード 9 まで 9 個の動作モードがあり，Q はモード 1 終了時に ZCS でターンオンし，モード 8 の途中で ZCS かつ ZVS でターンオフする。主要な電圧・電流のシミュレーション波形を図 4.3 に示す。各動作モードの概要を以下に説明する。

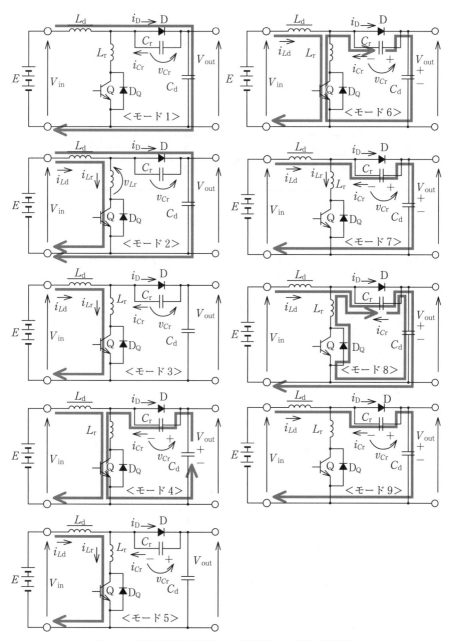

図 4.2 電流共振型昇圧チョッパの動作モードと電流経路

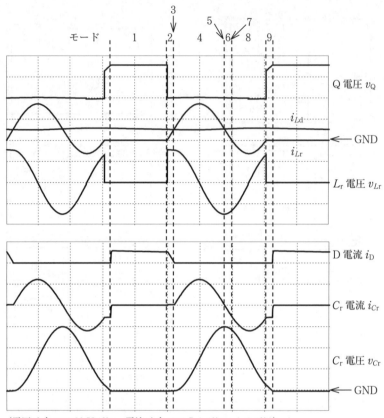

（電圧はすべて 20 V/div，電流はすべて 5 A/div，4 µs/div）

図 4.3 電流共振型昇圧チョッパのシミュレーション波形（動作条件は表 4.1）

表 4.1 図 4.3 の動作条件

入力	$V_{\text{in}} = 12\,\text{V}$
出力	$V_{\text{out}} = 30\,\text{V},\ I_{\text{out}} = 1\,\text{A}$
共振回路	$L_r = 10\,\mu\text{H},\ C_r = 0.4\,\mu\text{F}$
動作周波数，通流率	$f = 50\,\text{kHz},\ \alpha = 0.5$

＜モード 1＞ Q はオフ

　L_d の電流が D を介して出力側に供給されている。通常の昇圧チョッパの Q が
オフしている動作と同じである。このモードの継続時間を調整することによっ

て，出力電圧を制御できる。Q が ZCS でターンオンして次の動作モードに移行する。

<モード 2>　Q はオン

Q がターンオンして $v_{Lr} = V_{out}$ となり，L_r 電流 i_{Lr}（Q の電流に等しい）は直線的に増加する。ターンオンの瞬間は Q の電流は 0 であり ZCS となる。i_{Ld} はあまり変化しないので，i_{Lr} の増加に対応して i_D は減少する。$i_{Lr} = i_{Ld}$ となり，次のモードに移行する。

<モード 3>　Q はオン

$i_{Lr} = i_{Ld}$ なので，L_d 電流 i_{Ld} はすべて L_r と Q を流れる。L_r 電流は増加を続けているので，このモードは一瞬で終了し，次のモードに移行する。

<モード 4>　Q はオン

V_{out} が電源となり，L_r と C_r の共振が始まる。共振電流 i_{Cr} は徐々に増加し，共振の 1/4 サイクル後にピーク電流となり，その後徐々に減少し，共振の 1/2 サイクル後に 0A となり，次のモードに移行する。

<モード 5>　Q はオン

共振の半サイクルが終了した瞬間の動作モードである。$i_{Lr} = i_{Ld}$，$i_{Cr} = 0$ A である。このとき，C_r の電圧 v_{Cr} はピーク電圧（$2V_{out}$）となる。このモードは一瞬で終了し，負方向の半サイクルが開始されて次のモードに移行する。

<モード 6>　Q はオン

$2V_{out}$ に充電された C_r 電圧が電源となり，C_r と L_r の負方向の共振が始まる。共振電流 i_{Cr} は負方向に徐々に増加し，$-i_{Cr} = i_{Ld}$ となって次のモードに移行する。

<モード 7>　Q はオン

$-i_{Cr} = i_{Ld}$ なので L_d 電流はすべて C_r に流れ，$i_{Lr} = 0$ である。i_{Cr} は引き続き負方向に増加し，このモードは一瞬で終了する。

<モード 8>　Q はオンからオフへ

共振電流 i_{Cr} は引き続き負方向に徐々に増加する。$-i_{Cr}$ が i_{Ld} を超えた部分は D_Q を流れる。この状態で Q をターンオフさせる。Q のターンオフは ZCS かつ ZVS である。i_{Cr} は共振の 3/4 サイクル後に負のピーク値となり，その後 $|i_{Cr}|$ は減少し，$-i_{Cr} = i_{Ld}$ となって次のモードに移行する。

<モード 9>　Q はオフ

$-i_{Cr} = i_{Ld}$ なので，L_d 電流 i_{Ld} で C_r が放電する。i_{Ld} はほぼ定電流なので C_r 電圧 $v_D(v_{Cr})$ は直線的に減少する。v_D が $-0.7\,\mathrm{V}$ 程度まで減少すると D が導通し，i_{Ld} は C_r から D に転流し，モード 1 に戻る。

(2)　電流共振型昇圧チョッパの動作の特徴

図 4.3 の共振用コンデンサ C_r の電流 i_{Cr} の波形からわかるように，モード 4 からモード 8 までが共振期間であり，この長さは L_r と C_r の積で決まる。共振期間では Q はオン状態を維持しなければならないので，Q のオン時間は L_r と C_r の積でほぼ決まった値となる。出力電圧の制御は，Q のオフ時間を変化させることによって実現する。したがって，動作周波数と通流率はともに変化する。出力電圧を低下させるときは Q のオフ時間を長くするので動作周波数と通流率は共に減少する。出力電圧を増加させるときはその逆となる。

図 4.2 の電流径路図と図 4.3 の波形から明かなように，L_r と C_r を流れる共振電流はスイッチ素子の ZCS 実現に役立っているが，負荷には供給されていない。したがって，スイッチ素子にはソフトスイッチング実現の代償として大きな共振電流が追加されることになり，導通損失が増加する。図 4.3 の場合は Q の電流（L_r 電流 i_{Lr} に等しい）のピーク値は $8.6\,\mathrm{A}$ になっているが，通常の昇圧チョッパでは Q の電流のピーク値は L_d 電流 i_{Ld} に等しく，$2.9\,\mathrm{A}$ である。したがって，ソフトスイッチング実現のためにスイッチ素子のピーク電流を約 3 倍に増加させていることになる。

(3)　等価回路と成立する式

電流共振型昇圧チョッパの等価回路を**図 4.4**(a)〜(e) に示す。平滑リアクトル L_d のリプル電流は無視し，定電流源 I_{Ld} で近似している。平滑コンデンサ C_d のリプル電圧も無視し，定電圧源 V_{out} で近似している。スイッチ素子 Q とダイオード D の電圧降下も無視する。各動作モードの等価回路と成立する式は次のように与えられる。時間 t は各動作モードの開始時刻を $t = 0$ とする。

<モード 1 >　図 (a)

電流 I_{Ld} で V_{in} が放電し，V_{out} を充電している。

<モード 2 >　図 (b)

L_r に電圧 V_{out} が印加され，L_r の電流 i_{Lr} は初期値 $0\,\mathrm{A}$ から直線的に増加する。

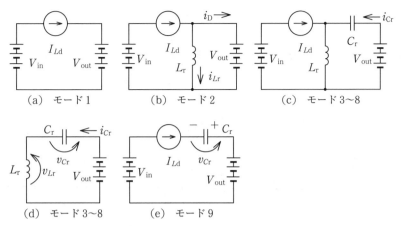

(a) モード1　　　　(b) モード2　　　　(c) モード3～8

(d) モード3～8　　(e) モード9

図 4.4　電流共振型昇圧チョッパの等価回路

$$i_{Lr}(t) = \frac{1}{L_r}V_{out}t \tag{4.1}$$

V_{out} 充電電流（ダイオード D の電流 i_D）は i_{Lr} の増加分だけ減少する。

$$i_D(t) = I_{Ld} - \frac{1}{L_r}V_{out}t \tag{4.2}$$

モード2の継続時間を T_2 とすると，次式が成立する。

$$i_D(T_2) = I_{Ld} - \frac{1}{L_r}V_{out}T_2 = 0 \tag{4.3}$$

よって，

$$T_2 = \frac{I_{Ld}}{V_{out}}L_r \tag{4.4}$$

＜モード3～8＞　図 (c)，図 (d)

　モード3～7では，L_r には一定の電流 I_{Ld} と C_r 電流 i_{Cr} の合計が流れる。等価回路は図 (c) となる。i_{Cr} は C_r と L_r の共振電流であり，I_{Ld} は無視して図 (d) で計算できる。図 (d) では次式が成立する。

$$v_{Cr}(t) = \frac{1}{C_r}\int_0^t i_{Cr}(\tau)\,d\tau \tag{4.5}$$

$$v_{Lr}(t) = L_r\frac{d}{dt}i_{Cr}(t) \tag{4.6}$$

$$V_{\text{out}} = v_{Lr}(t) + v_{Cr}(t) \tag{4.7}$$

以上の式を解いて，以下のように $i_{Cr}(t)$ と $v_{Cr}(t)$ が求まる。なお，モード8
では I_{Ld} は L_r ではなく C_r を流れるが，計算には図 (d) を使うことができる。

$$i_{Cr}(t) = V_{\text{out}} \sqrt{\frac{C_r}{L_r}} \sin\left(\frac{1}{\sqrt{L_r C_r}} t\right) \tag{4.8}$$

$$v_{Cr}(t) = V_{\text{out}} \left\{ 1 - \cos\left(\frac{1}{\sqrt{L_r C_r}} t\right) \right\} \tag{4.9}$$

表 4.1 の条件では式 (4.8) と式 (4.9) からそれぞれ i_{Cr} のピーク値と v_{Cr} のピー
ク値は次のように計算され，図 4.3 のシミュレーション波形と一致する。

$$i_{Cr} \text{ のピーク値} = V_{\text{out}} \sqrt{\frac{C_r}{L_r}} = 30 \times \sqrt{\frac{0.4}{10}} = 6.0\,\text{A}$$

$$v_{Cr} \text{ のピーク値} = 2V_{\text{out}} = 2 \times 30 = 60\,\text{V}$$

＜モード9＞　図 (e)

C_r が一定の電流 I_{Ld} で放電し，C_r 電圧は直線的に減少する。

$$v_{Cr}(t) = v_{Cr}(0) - \frac{1}{C_r} I_{Ld} t \tag{4.10}$$

$v_{Cr}(0)$ は v_{Cr} のモード9の初期値であるが，モード8の最終値と同じであり，式
式 (4.8) と式 (4.9) で計算される。

（4）ソフトスイッチングの成立条件

（1）項で説明したように，スイッチ素子 Q はモード1終了時に ZCS でターン
オンし，モード8の途中で ZCS かつ ZVS でターンオフする。Q には直列にリア
クトル L_r が接続されているので，ターンオンは必ず ZCS になる。したがって，
この回路のソフトスイッチング成立条件はモード8が存在すること，すなわち
i_{Lr} が負になって D_Q が導通する期間が存在することである。

図 4.4(c) より

$$i_{Lr} = i_{Ld} + i_{Cr} = i_{Ld} + V_{out}\sqrt{\frac{C_r}{L_r}}\sin\left(\frac{1}{\sqrt{L_rC_r}}t\right) \tag{4.11}$$

したがって，モード 8 の成立条件は，i_{Lr} の最小値を $i_{Lr\min}$ とすると

$$i_{Lr\min} = i_{Ld} - V_{out}\sqrt{\frac{C_r}{L_r}} \leqq 0 \tag{4.12}$$

i_{Ld} は入力電流に等しいと考え，電力損失を無視すると

$$i_{Ld} \times V_{in} = I_{out} \times V_{out}$$

よって

$$i_{Ld} = I_{out} \times V_{out} \div V_{in} \tag{4.13}$$

式 (4.12) に代入して，モード 8 の成立条件（ソフトスイッチング成立条件）は

$$I_{out} \leqq V_{in}\sqrt{\frac{C_r}{L_r}} \tag{4.14}$$

したがって，表 4.1 の動作条件では，ソフトスイッチング成立条件は $I_{out} \leqq$ 2.4 A となる。

(5) 出力電圧計算式

図 4.1 より

$$V_{out} = V_{in} - v_{Ld} + v_{Cr} \tag{4.15}$$

V_{out} と V_{in} は一定の直流電圧であるが，v_{Ld} と v_{Cr} は高周波で変動する電圧である。両辺の平均値の式は以下となる。

$$V_{out} = V_{in} - v_{Ld} \text{ の平均値} + v_{Cr} \text{ の平均値} \tag{4.16}$$

定常状態ではリアクトル電圧の平均値は常にゼロである。したがって，v_{Cr} の平均値を $\overline{v_{Cr}}$ とすると次式が成立する。

$$V_{out} = V_{in} + \overline{v_{Cr}} \tag{4.17}$$

図 4.2 と図 4.3 から明かなように，モード 1 とモード 2 ではダイオード D が導通しているので v_{Cr} は 0 V である。モード 3 からモード 8 は L_r と C_r の共振期間

であり，v_{Cr} は式 (4.9) で与えられる。モード 9 では式 (4.10) で与えられるが，$\overline{v_{Cr}}$ に占めるモード 9 の割合は小さいので，モード 9 も式 (4.9) で計算しても誤差は小さい。そこで，モード 3 からモード 9 を L_r と C_r の共振の 1 周期と考えると，次式が成立する。

モード 1,2・・・・$v_{Cr} = 0$，継続時間 $= T - T_r$

モード 3〜9・・・・$v_{Cr}(t) = V_{out}\left\{1 - \cos\left(\dfrac{1}{\sqrt{L_r C_r}}t\right)\right\}$，継続時間 $= T_r$

なお，T は Q のスイッチ動作の 1 周期であり，動作周波数を f とすると，$T = 1/f$ である。T_r は L_r と C_r の共振の 1 周期であり，$T_r = 2\pi\sqrt{L_r C_r}$ である。モード 3〜9 における $v_{Cr}(t)$ の式のうち $\cos\left(\dfrac{1}{\sqrt{L_r C_r}}t\right)$ の 1 周期の平均値は 0 なので，$v_{Cr}(t)$ の平均値は V_{out} である。したがって，次式が成立する。

$$\overline{v_{Cr}} = V_{out}\frac{T_r}{T} \tag{4.18}$$

式 (4.17) に代入し

$$V_{out} = V_{in} + V_{out}\frac{T_r}{T} \tag{4.19}$$

よって，$\dfrac{T_r}{T}$ を α と置くと

$$V_{out} = V_{in}\frac{1}{1 - \alpha} \tag{4.20}$$

したがって，電流共振型昇圧チョッパ回路の出力電圧計算式は通常の昇圧チョッパ回路と同じ式になる。ただし，通常の昇圧チョッパ回路では α は動作周期に閉めるスイッチ素子のオン時間（通流率）であったのに対し，電流共振型では α は動作周期に占める L_r と C_r の共振周期である。ただし，電流共振型のスイッチ素子のオン時間は共振周期に近い値となる。なお，通常の昇圧チョッパの出力電圧計算式の導出方法は文献 (1) の 2.4 節で説明されている。

(6)　スイッチ素子ターンオフ時のサージ電圧

図 4.3 に示したように，スイッチ素子 Q の電圧 v_Q は L_r 電流 i_{Lr} が流れ終わってモード 8 が終了した瞬間に急上昇する。図 4.5(a) に実測波形を示す。i_{Lr} が流れ終わった瞬間に v_Q にサージ電圧が発生し，その後しばらくの間大きな振動が継続している。サージ電圧が発生したときの電流経路を図 4.6 に示す。C_Q は Q の寄生容量であり，D_Q 電流が流れ終わると，平滑コンデンサ C_d が電源となり，点線の径路で電流が流れて C_Q は L_r を介して急速に充電される。その結果，

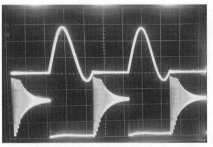 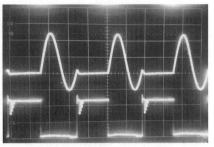

　（a）　クランプダイオードなし　　　　　（b）　クランプダイオードあり

上：L_r の電流 $i_{L\mathrm{r}}$（スイッチ素子の電流），下：スイッチ素子の電圧 v_Q

図 4.5　スイッチ素子のサージ電圧と振動

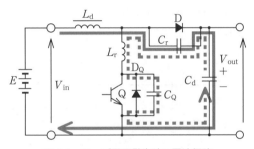

図 4.6　サージ電圧発生時の電流径路

C_Q が過大に充電されてサージ電圧が発生する。その後点線の径路で L_r と C_Q の共振が継続し v_Q の振動が続く。

　なお，図 4.3 のシミュレーション波形では v_Q にサージ電圧は発生してないが，これは Q に理想スイッチを使用しているからであり，C_Q を挿入すればシミュレーションでも実測波形と類似の電圧振動を確認できる。

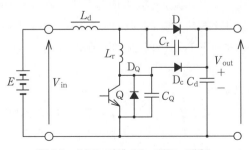

図 4.7　クランプダイオード $\mathrm{D_c}$ の挿入

　スイッチ素子 Q のサージ電圧を抑制するための回路を図 **4.7** に示す。ダイオードド D_c を挿入し，C_Q の電圧を V_{out} にクランプしている。サージ電圧発生時は L_r のエネルギーで C_Q が充電されるが，D_c の追加により L_r 電流は D_c を通って環流し，C_Q は V_{out} 以上には充電されない。D_c を追加したときの実測波形を図 4.5(b) に示す。サージ電圧とその後の振動は抑制されている。

4.1.3　電流共振型降圧チョッパ

(1)　回路構成と動作モード

　電流共振型降圧チョッパの回路構成と各部の記号を図 **4.8** に示す。電圧と電流は矢印の方向を正の方向と定義する。通常のハードスイッチングの降圧チョッパに対して，共振用のコンデンサ C_r とリアクトル L_r が追加されている。スイッチ素子 Q に FET を使う場合は，D_Q は Q の寄生ダイオードを使用できる。

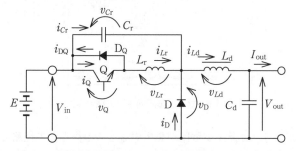

図 4.8　電流共振型降圧チョッパの回路構成と各部の記号

　ZCS が成立しているときの各動作モードの電流経路を図 **4.9** に示す。電流共振型昇圧チョッパと同様に 9 個の動作モードがあり，Q はモード 1 終了時に ZCS でターンオンし，モード 8 の途中で ZCS かつ ZVS でターンオフする。主要な電圧・電流のシミュレーション波形を図 **4.10** に示す。図 4.10 の動作条件を表 **4.2** に示す。各動作モードの概要を以下に説明するが，モード 1～9 はすべて電流共振型昇圧チョッパのモード 1～9 と同じ種類の動作となっている。

＜モード 1 ＞　Q はオフ

　L_d の電流が D を介して環流している。L_d のエネルギーは負荷に供給される。通常の降圧チョッパで Q がオフしている動作と同じである。このモードの継続時間を調整することによって，出力電圧を制御できる。Q が ZCS でターンオン

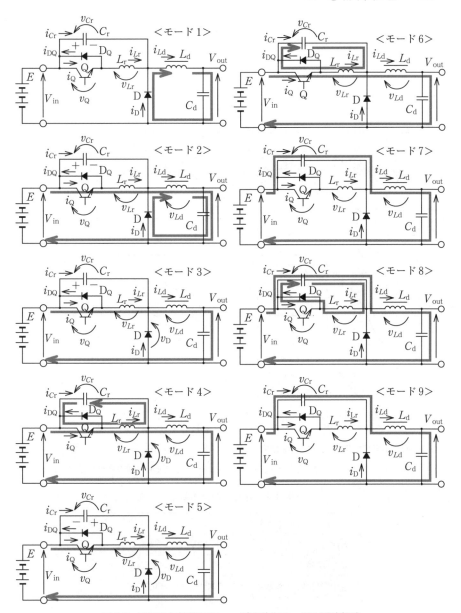

図 4.9　電流共振型降圧チョッパの動作モードと電流径路

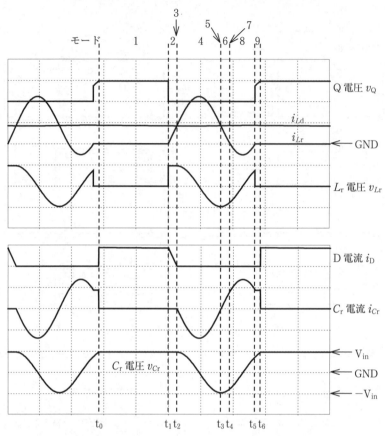

（電圧はすべて 50 V/div，電流はすべて 10 A/div，4 μs/div）

図 4.10　電流共振型降圧チョッパのシミュレーション波形（動作条件は表 4.2）

表 4.2　図 4.10 の動作条件

入力	$V_{\text{in}} = 48\,\text{V}$
出力	$V_{\text{out}} = 26\,\text{V}$，$I_{\text{out}} = 8.67\,\text{A}$
共振回路	$L_r = 6\,\mu\text{H}$，$C_r = 0.5\,\mu\text{F}$
動作周波数，通流率	$f = 50\,\text{kHz}$，$\alpha = 0.5$

して次の動作モードに移行する。

＜モード 2＞　Q はオン

　　Q がターンオンして $v_{Lr} = V_{\text{in}}$ となり，L_r 電流 i_{Lr}（Q の電流に等しい）は直

線的に増加する。i_{Ld} はあまり変化しないので，i_{Lr} の増加に対応して i_D は減少する。$i_{Lr} = i_{Ld}$ となり次の動作モードに移行する。

＜モード3＞ Q はオン

$i_{Lr} = i_{Ld}$ なので，L_d 電流 i_{Ld} はすべて L_r と Q を流れる。このとき，共振用コンデンサ C_r は図示のように正の方向に電源電圧に充電されている。L_r 電流は増加を続けているので，このモードは一瞬で終了し，次のモードに移行する。

＜モード4＞ Q はオン

C_r の電圧が L_r に印加され，C_r と L_r の共振が始まる。Q の電流には L_d 電流に共振電流が加算される。共振電流 i_{Cr} は負方向に徐々に増加し，共振の 1/4 サイクル後に負のピーク電流となり，その後徐々に減少し，共振の 1/2 サイクル後に 0 A となり，次のモードに移行する。

＜モード5＞ Q はオン

共振の半サイクルが終了した瞬間の動作モードである。$i_{Lr} = i_{Ld}$，$i_{Cr} = 0$ A である。このとき v_{Cr} は負方向に最大値（$-V_{in}$）となる。このモードは一瞬で終了し，逆方向の半サイクルが開始されて次の動作モードに移行する。

＜モード6＞ Q はオン

C_r の電圧（$-V_{in}$）が v_{Lr} に印加されて逆方向の共振が始まる。i_{Lr} は共振電流と i_{Ld} の合計なので，i_{Lr} は減少する。$i_{Cr} = i_{Ld}$ となって，次のモードに移行する。

＜モード7＞ Q はオン

$i_{Cr} = i_{Ld}$ なので L_d 電流はすべて C_r に流れ，$i_{Lr} = 0$ である。i_{Cr} は引き続き増加し，このモードは一瞬で終了する。

＜モード8＞ Q はオンからオフへ

i_{Cr} が増加して i_{Ld} を超えた部分は L_r を負方向に流れ，D_Q が導通する。この動作モードで Q は ZCS かつ ZVS でターンオフする。i_{Cr} は共振の 3/4 サイクル後にピーク値となり，その後減少し，$i_{Cr} = i_{Ld}$ となって次のモードに移行する。

＜モード9＞ Q はオフ

$i_{Cr} = i_{Ld}$ なので，L_d 電流 i_{Ld} で C_r は充電される。i_{Ld} はほぼ定電流なので C_r 電圧 v_{Cr} は直線的に増加する。v_{Cr} が V_{in} に達すると D が順バイアスされて導通し，モード1に戻る。

（2）　電流共振型降圧チョッパの動作の特徴

電流共振型昇圧チョッパの動作の特徴を 4.1.2(2) 項で説明したが，降圧チョッパも同じ特徴を持っている。電流共振型昇圧チョッパ・降圧チョッパの特徴を次のようにまとめることができる。

（ⅰ）　スイッチ素子のオフ時間を制御するので動作周波数と通流率が共に変化する。

（ⅱ）　共振電流はソフトスイッチングの実現には役立つが，負荷には供給されない無効電流なので，導通損失が増加する。

（ⅲ）　共振電流のピーク値が大きいのでスイッチ素子など部品の選定に配慮が必要。

（ⅳ）　ターンオン時には ZCS は実現されるが，ZVS は実現されないので，スイッチ素子の寄生容量が短絡放電され電力損失となる。

（ⅴ）　共振終了時にはスイッチ素子にサージ電圧が発生することがある。

（3）　等価回路と成立する式

図 **4.11** に示す各動作モードの等価回路から，各動作モードに成立する式は以下のように導出される。

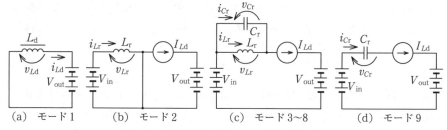

図 4.11　電流共振型降圧チョッパの等価回路

＜図 4.11(a)：モード 1 ＞

出力電圧 V_{out} が L_{d} に負方向に印加されるので $v_{L\text{d}} = -V_{\text{out}}$ となり，$i_{L\text{d}}$ は直線的に減少する。変化量 $\Delta i_{L\text{d}}$ は次式で与えられる。なお，T_1 はモード 1 の継続時間 $(t_1 - t_0)$ であり，図 4.10 では 9 μs である。

$$\Delta i_{L\text{d}} = \frac{1}{L_{\text{d}}}\left(-V_{\text{out}}\right)T_1 \tag{4.21}$$

図 4.10 のシミュレーションでは L_{d} のインダクタンスはかなり大（1 mH）であ

り，Δi_{Ld} は次のように小さな値となっている。

$$\Delta i_{Ld} = \frac{1}{1\,\text{mH}}\,(-26\,\text{V}) \times 9\,\mu\text{s} = -0.234\,\text{A} \tag{4.22}$$

i_{Ld} の平均値は出力電流 I_{out} に等しく，図 4.10 では 8.67 A である。

<**図 4.11(b)**：モード 2 >

L_d のリプル電流を無視し，L_d を定電流源 I_{Ld} で近似している。図 4.10 では $I_{Ld} = I_{\text{out}} = 8.67\,\text{A}$ である。L_r に入力電圧 V_{in} が印加され，i_{Lr} は I_{Ld} まで直線的に増加する。次式が成立する。なお，t_1 はモード 2 の開始時刻，t_2 は終了時刻である。

$$v_{Lr} = V_{\text{in}} \tag{4.23}$$

$$i_Q = i_{Lr} = \frac{1}{L_r}V_{\text{in}} \times (t - t_1) \tag{4.24}$$

図 4.10 では次式のように計算される。

$$i_Q = i_{Lr} = \frac{1}{6\,\mu\text{H}} \times 48\,\text{V} \times (t - t_1) \tag{4.25}$$

時刻 t_2 では $i_{Lr} = I_{Ld} = 8.67\,\text{A}$ であり，モード 2 の継続時間を T_2 とすると $T_2 = t_2 - t_1$ なので

$$8.67\,\text{A} = \frac{1}{6\,\mu\text{H}} \times 48\,\text{V} \times T_2 \tag{4.26}$$

よって

$$T_2 = 1.08\,\mu\text{s}$$

となる。

<**図 4.11(c)**：モード 3~8 >

モード 3~8 は図 4.9 の電流経路と図 4.10 の波形から明かなように C_r と L_r の共振動作である。C_r はモード 2 で V_{in} まで充電されているので，v_{Cr} の初期値は V_{in} である。したがって，v_{Cr} はピーク値が V_{in} の cos 波形となり，次式で表される。

$$v_{Cr} = V_{\text{in}} \times \cos\omega_n(t - t_2) \tag{4.27}$$

ただし

$$\omega_n = \frac{1}{\sqrt{L_r C_r}}$$

C_r 電流 i_{Cr} は次式のように計算される。

$$
\begin{aligned}
i_{Cr} &= C_r \frac{d}{dt} v_{Cr}(t) = C_r \frac{d}{dt} \left(V_{in} \cos \omega_n (t - t_2) \right) \\
&= -\omega_n C_r V_{in} \times \sin \omega_n (t - t_2) \\
&= -\sqrt{\frac{C_r}{L_r}} V_{in} \times \sin \omega_n (t - t_2)
\end{aligned}
\tag{4.28}
$$

L_r 電流はモード2で I_{Ld} まで増加しているので，i_{Lr} の初期値は I_{Ld} である。時刻 t_2 以降は初期値に共振電流 $-i_{Cr}$ が加算されるので

$$i_{Lr} = I_{Ld} - i_{Cr} = I_{Ld} + \sqrt{\frac{C_r}{L_r}} V_{in} \times \sin \omega_n (t - t_2) \tag{4.29}$$

図 4.11(c) より，モード3~8 では v_{Lr} は v_{Cr} に等しいので

$$v_{Lr} = v_{Cr} = V_{in} \times \cos \omega_n (t - t_2) \tag{4.30}$$

図 4.10 では次式のように計算される。

$$\omega_n = \frac{1}{\sqrt{L_r C_r}} = \frac{1}{\sqrt{6\,\mu H \times 500\,nF}}$$

共振周波数 $f_n = \omega_n / 2\pi = 92\,kHz$

$$\sqrt{\frac{C_r}{L_r}} = \sqrt{\frac{500\,nF}{6\,\mu H}} = 0.289$$

$$v_{Cr} = v_{Lr} = V_{in} \times \cos \omega_n (t - t_2) = 48 \cos \omega_n (t - t_2)\,[V]$$

$$i_{Cr} = -V_{in} \times \sin \omega_n (t - t_2) = -13.9 \sin \omega_n (t - t_2)\,[A]$$

$$i_{Lr} = I_{Ld} - i_{Cr} = 8.67 + 13.9 \sin \omega_n (t - t_2)\,[A]$$

<図 4.11(d)：モード9>

　モード9の v_{Cr} の初期値はモード8の v_{Cr} の最終値 $v_{Cr}(t_5)$ なので，次式のよ

うに計算される。モード 8 の終了時刻 t_5 で i_{Lr} はゼロなので

$$i_{Lr} = I_{Ld} - i_{Cr} = I_{Ld} + \sqrt{\frac{C_r}{L_r}}V_{in} \times \sin\omega_n(t_5 - t_2) = 0 \quad (4.31)$$

$$\omega_n(t_5 - t_2) = \sin^{-1}\left(-\frac{I_{Ld}}{V_{in}}\sqrt{\frac{L_r}{C_r}}\right) \quad (4.32)$$

図 4.10 では，$\omega_n(t_5 - t_2) = \sin^{-1}\left(-\frac{8.67}{48}\frac{1}{0.289}\right) = 360° - 38.7° = 321°$

$$v_{Cr}(t_5) = V_{in} \times \cos\omega_n(t_5 - t_2)$$

図 4.10 では，$v_{Cr}(t_5) = 48 \times \cos 321° = 37.3\ \mathrm{V}$

モード 9 では C_r が I_{Ld} で充電されるので，v_{Cr} は次式で表される。

$$v_{Cr}(t) = v_{Cr}(t_5) + \frac{1}{C_r}I_{Ld} \times (t - t_5) \quad (4.33)$$

(4) ソフトスイッチングの成立条件

電流共振型昇圧チョッパと同様に，モード 8 が存在すること，即ち L_r 電流 i_{Lr} に負の期間が存在することがソフトスイッチングの成立条件である。i_{Lr} は式 (4.29) で与えられるので，その最小値 $i_{Lr\min}$ は次式で与えられる。

$$i_{Lr\min} = i_{Ld} - \sqrt{\frac{C_r}{L_r}}V_{in} \quad (4.34)$$

i_{Ld} はリプル電流を無視すれば出力電流 I_{out} に等しいので，ソフトスイッチング成立条件は次式で与えられる。

$$i_{Lr\min} \fallingdotseq I_{out} - \sqrt{\frac{C_r}{L_r}}V_{in} \leqq 0 \quad (4.35)$$

よって，

$$I_{out} \leqq V_{in}\sqrt{\frac{C_r}{L_r}} \quad (4.36)$$

これは電流共振型昇圧チョッパのソフトスイッチング成立条件を与える式 (4.14) と同じである。

(5) 出力電圧計算式

電流共振型昇圧チョッパと同様の方法で次式のように出力電圧の計算式を導出できる。

図 4.8 より

$$V_{\text{out}} = V_{\text{in}} - v_{Ld} - v_{Cr} \tag{4.37}$$

両辺の平均値の式は以下となる。

$$V_{\text{out}} = V_{\text{in}} - v_{Ld} \text{ の平均値} - v_{Cr} \text{ の平均値} \tag{4.38}$$

定常状態ではリアクトル電圧の平均値は常にゼロである。したがって，v_{Cr} の平均値を $\overline{v_{Cr}}$ とすると次式が成立する。

$$V_{\text{out}} = V_{\text{in}} - \overline{v_{Cr}} \tag{4.39}$$

図 4.9 と図 4.10 から明かなように，モード 1 とモード 2 ではダイオード D が導通しているので v_{Cr} は V_{in} に等しい。モード 3 からモード 8 は L_r と C_r の共振期間であり，v_{Cr} は式 (4.27) で与えられる。モード 9 では式 (4.33) で与えられるが，$\overline{v_{Cr}}$ に占めるモード 9 の割合は小さいので，モード 9 も式 (4.27) で計算しても誤差は小さい。そこで，モード 3 からモード 9 を L_r と C_r の共振の 1 周期と考えると，次式が成立する。

$$\text{モード 1,2} \cdots v_{Cr} = V_{\text{in}}, \ \text{継続時間} = T - T_r \tag{4.40}$$

$$\text{モード 3〜9} \cdots v_{Cr}(t) = V_{\text{in}} \times \cos \omega_n (t - t_2),$$
$$\text{継続時間} = T_r \tag{4.41}$$

なお，T は Q のスイッチ動作の 1 周期であり，動作周波数を f とすると，$T = 1/f$ である。T_r は L_r と C_r の共振の 1 周期であり，$T_r = 2\pi \sqrt{L_r C_r}$ である。

モード 3〜9 における $v_{Cr}(t)$ の平均値は 0 V であるので，次式が成立する。

$$\overline{v_{Cr}} = V_{\text{in}} \frac{T - T_r}{T} \tag{4.42}$$

式 (4.39) に代入し

$$V_{\text{out}} = V_{\text{in}} - V_{\text{in}} \frac{T - T_r}{T} = V_{\text{in}} \frac{T_r}{T} \tag{4.43}$$

よって，$\dfrac{T_r}{T}$ を α と置くと

$$V_{\text{out}} = V_{\text{in}}\alpha \tag{4.44}$$

したがって，電流共振型降圧チョッパ回路の出力電圧計算式は通常の降圧チョッパ回路と同じ式になる。ただし，通常の降圧チョッパ回路では α は1周期に占めるスイッチ素子のオン時間（通流率）であったのに対し，電流共振型では α は1周期に占める L_r と C_r の共振周期である。ただし，電流共振型のスイッチ素子のオン時間は共振周期に近い値となる。なお，通常の降圧チョッパの動作は文献 (1) の4.1.2項で説明されている。

4.1.4　電流共振型チョッパ回路の各種回路方式

以上2種類の電流共振型チョッパ回路を説明したが，電流共振型チョッパ回路には多くの回路方式が提案されている。主要なものを**図4.12**に示す。図 (a)〜(d) は昇圧チョッパを電流共振型としたものである。4.1.2項で説明した電流共振型昇圧チョッパは図 (d) の全波型（タイプ2）にあたる。図 (d) ではスイッチ素子 Q と逆並列にダイオード D_Q が接続されており，リアクトル L_r には正負両方向に電流を流すことができるので**全波型**といわれている。図4.3に L_r 電流 i_{Lr} の例を示している。正負両方向に流れていることが確認できる。

一方，図 (b) では L_r には片方向しか電流を流すことができないので**半波型**といわれている。スイッチ素子に MOS 型 FET を使う場合，全波型では D_Q を FET の寄生ダイオードで代用できるが，半波型では FET と直列にダイオードを接続する必要があり，電力損失が増加する。半波型の動作原理と特性は全波型とおおむね同じであるが，負方向に電流が流れないので出力電圧 V_{out} の計算式は複雑になる。全波型では式 (4.20) に示したように，負荷の大きさとは無関係に $V_{\text{out}} = V_{\text{in}}\dfrac{1}{1-\alpha}$ である。α は動作周期に占める共振周期の割合である。半波型でも軽負荷時の V_{out} はおおむねこの式に近い値となるが，負荷によって変化し，重負荷時の出力電圧は低下する。

図 (a) と (c) では C_r はスイッチ素子と L_r の直列回路と並列に接続されており，タイプ1とする。図 (b) と (d) では共振回路のコンデンサ C_r はダイオード D と並列に接続されており，タイプ2とする。タイプ1とタイプ2は，C_r 電圧の直流成分に差が生じるが，動作原理と特性は同じである。C_r は L_d と並列に接続することもできる。

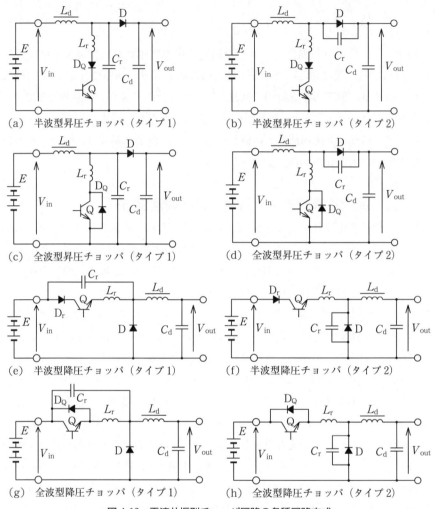

(a) 半波型昇圧チョッパ（タイプ1）　　　　(b) 半波型昇圧チョッパ（タイプ2）

(c) 全波型昇圧チョッパ（タイプ1）　　　　(d) 全波型昇圧チョッパ（タイプ2）

(e) 半波型降圧チョッパ（タイプ1）　　　　(f) 半波型降圧チョッパ（タイプ2）

(g) 全波型降圧チョッパ（タイプ1）　　　　(h) 全波型降圧チョッパ（タイプ2）

図 4.12　電流共振型チョッパ回路の各種回路方式

　図 (e)～(h) は降圧チョッパを電流共振型としたものである。4.1.3 項で説明した電流共振型降圧チョッパは図 (g) の全波型（タイプ1）にあたる。図 (e)～(h) の降圧チョッパも，図 (a)～(d) の昇圧チョッパと同様に全波型と半波型，およびタイプ1とタイプ2がある。それぞれの特徴は昇圧チョッパと同じである。出力電圧は全波型では式 (4.44) に示したように，負荷の大きさとは無関係に $V_{out} = V_{in}\alpha$ である。α は動作周期に占める共振周期の割合である。半波型

でも軽負荷時の V_{out} はおおむねこの式に近い値となるが，負荷によって変化し，重負荷時の出力電圧は低下する。

図 4.12 のチョッパ回路は，通常の昇圧チョッパと降圧チョッパのスイッチ素子を「Q と L_{r} と C_{r}」から構成される回路に置き換えたものと考えられる。「Q と L_{r} と C_{r}」から構成される回路は**電流共振スイッチ**と呼ばれており，すべての通常の DC/DC コンバータは，スイッチ素子を電流共振スイッチに置き換えると，電流共振型の DC/DC コンバータに変換することができると考えられている。電流共振型ではスイッチ素子の電流波形は正弦波に準ずる波形になるので，これらの回路方式は**準共振コンバータ**（Quasi Resonant Converter）と呼ばれている。このような考え方や名称は F. C. Lee らの論文[13] によって広く使われるようになり，1980 年代に深く研究された。

4.1.5　並列共振型 DC/DC コンバータ

変圧器を有する絶縁形 DC/DC コンバータの分野でも，スイッチング損失や高周波ノイズの抑制が要求され，共振型の回路構成が開発された。1980 年代から 90 年代にかけて広く実用化された**並列共振型**と呼ばれている電流共振型の絶縁形 DC/DC コンバータを本節で，**直列共振型**と呼ばれている DC/DC コンバータを次節で紹介する。

一般に，チョッパ回路に何らかの方法で変圧器を挿入すれば絶縁形の DC/DC コンバータを構成することができ，その特性は元になったチョッパ回路の特性を引き継ぐ。**図 4.13** の並列共振型フルブリッジ方式 DC/DC コンバータ[15] は，図 4.12(h) の全波電流共振型降圧チョッパ（タイプ 2）を元にして構成された絶

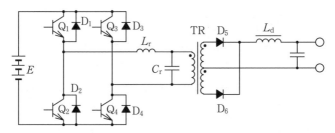

図 4.13　変圧器を有する全波電流共振型降圧チョッパ（タイプ 2）（並列共振型フルブリッジ方式 DC/DC コンバータ）

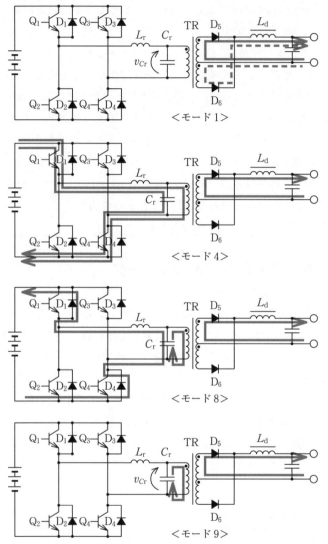

図 4.14　並列共振型フルブリッジ方式 DC/DC コンバータの主要な動作モード

縁形 DC/DC コンバータである。図 (h) に対して $Q_1 \sim Q_4$ のフルブリッジ型イン
バータを設け，交流電圧を作って変圧器を挿入し，その後段の D_5 と D_6 で整流
して直流電圧にもどしている。

全波電流共振型降圧チョッパは，図 4.9 に示したように 9 個の動作モードを持

っている。並列共振型フルブリッジ方式 DC/DC コンバータも同様に 9 個の動作
モードを持っており，各動作モードは全波電流共振型降圧チョッパと同じ原理で
動いている。9 個の動作モードの中から主な動作モード 4 個を抽出してその電流
径路を図 4.14 に示す。各動作モードの概要を以下に示す。

＜モード 1 ＞

$Q_1 \sim Q_4$ はすべてオフしている。平滑リアクトル L_d に蓄積されたエネルギー
で負荷に電力を供給している。整流ダイオード D_5 と D_6 はともに導通しており，
変圧器の電圧は 0 V なので，$v_{Cr} = 0 V$ である。このモードの長さは自由に制
御することができ，1 周期に対するこのモードの割合で出力電圧が決まる。この
モードから Q_1 と Q_4 がオンして次のモードに移行する。

＜モード 4 ＞

Q_1 と Q_4 がオンしてしばらく経過した動作モードである。Q_1 と Q_4 には L_d 電
流の 1 次側換算値と L_r と C_r の共振電流の合計の電流が流れている。共振の半
サイクルが経過すると共振電流は 0 A となり，そのとき C_r はピーク値に充電さ
れる（モード 5）。その後負方向の共振が始まり（モード 6），共振電流は L_d 電
流の 1 次側換算値と同じ大きさまで増加し（モード 7），さらに増加してモード 8
に移行する。

＜モード 8 ＞

負方向の共振電流が L_d 電流の 1 次側換算値を超えたので，共振電流は L_r を
逆流し，D_1 と D_4 が導通して電源に回生される。この状態で Q_1 と Q_4 が ZVS か
つ ZCS でターンオフする。やがて負方向の共振電流は減少に転じ，L_d 電流の 1
次側換算値と等しくなってモード 9 に移行する。

＜モード 9 ＞

C_r の電荷が L_d のエネルギーで引き抜かれる動作モードである。C_r の放電電
流は L_d 電流の 1 次側換算値に等しい。放電が完了して $v_{Cr} = 0 V$ となってモー
ド 1 に戻る。その後，Q_2 と Q_3 がオンして負の半サイクルが始まり，モード 2〜
9 が繰り返される。ただし，負の半サイクルなので，1 次側の電流の方向は逆に
なり，2 次側では D_6 が導通する。

4.1.6　直列共振型 DC/DC コンバータ

　並列共振型 DC/DC コンバータでは，ソフトスイッチング実現のために電流共振型降圧チョッパと同様に大きな共振電流を流す必要がある。共振電流は負荷には供給されない無効電流であるが，電流径路に存在する部品や配線の抵抗成分により無視できない電力損失を生じる。また，負荷が小さいときでも共振電流は小さくならないので，特に軽負荷時は効率の悪化を招く。そこで，このような問題点を克服するための回路方式として，図 4.15 に示す**直列共振型** DC/DC コンバータが開発された。共振回路を構成する C_r と L_r はトランス TR を介して負荷と直列に接続されている。したがって，共振電流は負荷にも供給され，有効に使用される。軽負荷時は共振電流も小さくなるので軽負荷時の効率低下も改善される。

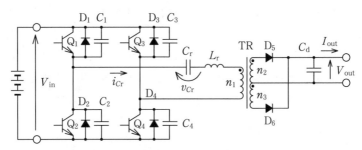

図 4.15　直列共振型フルブリッジ方式 DC/DC コンバータ

(1)　動作周波数が共振周波数より低い時の動作

　動作周波数 f が共振回路の L_r と C_r の共振周波数 f_r より低いときの電流径路を図 4.16 に示す。このときのスイッチ素子 Q_1 と整流ダイオード D_5 の波形を図 4.17(a) に示す。モード 1 では Q_1 と Q_4 がオンして L_r と C_r が共振し，2 次側では D_5 が導通して出力側に電力が供給される。共振の半周期が経過すると共振電流は 0 A となりモード 1 は終了する。一定時間経過後，Q_2 と Q_3 がオンしてモード 2 が始まる。モード 2 では負方向の共振が行われ，共振電流 i_{Cr} は負となり，2 次側では D_6 が導通する。

　共振角周波数を ω_r とすると次式が成立する。

$$\omega_r^2 L_r C_r = 1 \tag{4.45}$$

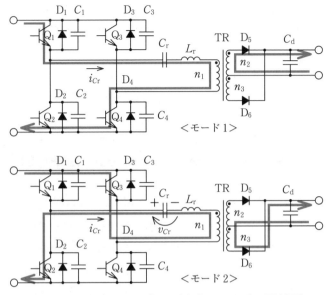

図 4.16　直列共振型フルブリッジ方式 $f < f_r$ 時の電流径路

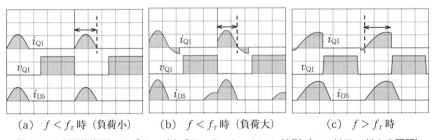

(a) $f < f_r$ 時（負荷小）　　(b) $f < f_r$ 時（負荷大）　　(c) $f > f_r$ 時

図 4.17　直列共振型フルブリッジ方式のシミュレーション波形（◆➤ はモード 1 の区間）

モード 1 の継続時間を T_1，モード 2 を T_2 とすると，$\omega_r = 2\pi f_r$，$T_1 = T_2 = \dfrac{1}{2}\dfrac{1}{f_r}$ より

$$T_1 = T_2 = \pi\sqrt{L_r C_r} \tag{4.46}$$

モード 1 終了後にモード 2 が始まるまで，および，モード 2 終了後にモード 1 が始まるまでは，1 次側も 2 次側も電流は流れない。このモードをモード 3 とする。モード 1 と 2 の継続時間は式 (4.46) で与えられる固定値であるが，モード

3は自由に定めることができる。そこで，出力電圧の制御はモード3の継続時間を調整することによって実現される。それに伴い，動作周波数は変化する。

(2)　ソフトスイッチング成立の可否

図4.16の電流径路および図4.17(a)の波形から明かなように $Q_1 \sim Q_4$ のターンオン時とターンオフ時の電流は0Aであり，ZCSが成立している。しかしZVSは成立していないので，ターンオン時には $Q_1 \sim Q_4$ の寄生容量 $C_1 \sim C_4$ は短絡されて電力損失となる。図4.17(a)では Q_1 のターンオン時（モード1開始時）に大きなサージ電流が発生しているが，これは C_1 を Q_1 で短絡したことによる電流である。

また，負荷が重いとき（出力電流が大きいとき）には別の動作モードが発生する。共振コンデンサ C_r はモード1で充電され，モード2で放電するので，モード1終了時に C_r 電圧 v_{Cr} はピーク値となる。このとき次式が成立すると，モード1終了後，共振電流の逆流が発生し，D_1 と D_4 が導通して**図4.18**の径路で電流が流れる。

$$v_{Cr} > V_{in} + \frac{n_1}{n_2}V_{out} \tag{4.47}$$

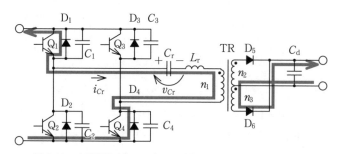

図4.18　直列共振型フルブリッジ方式の共振電流逆流モード

モード2の開始時，この状態で Q_2 と Q_3 がターンオンするので，D_1 と D_4 の逆回復時間の間，$D_1 \rightarrow Q_2$，および $Q_3 \rightarrow D_4$ の径路でサージ電流が流れる。モード1の開始時も同様の現象が発生する。図4.17(b)に負荷が重い時の波形を示す。モード1終了後 i_{Q_1} が負となっており，図4.18の逆流モードが発生していることがわかる。なお，図4.17のシミュレーションでは $Q_1 \sim Q_4$ に理想スイッチを使用しているので逆流モードでは D_1 を流れずに Q_1 を逆流している。

(3)　動作周波数が共振周波数より高いときの動作

動作周波数 f が共振周波数 f_r より高いときの電流径路を図 **4.19** に示す。こ

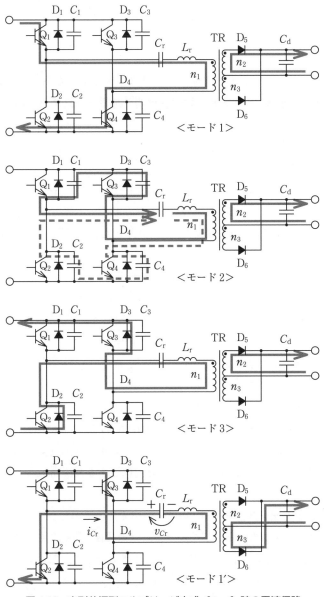

図 **4.19**　直列共振型フルブリッジ方式 $f > f_\mathrm{r}$ 時の電流径路

のときのスイッチ素子 Q_1 と整流ダイオード D_5 の波形を図 4.17(c) に示す。$f > f_r$ では，共振の半周期が終わらないうちにスイッチ素子がターンオフするので，$f < f_r$ のときから電流径路と波形は大きく変わる。各動作モードの概要を以下に示す。

＜モード1＞　Q_1 と Q_4 がオン

$f < f_r$ のときのモード1と同様に，Q_1 と Q_4 がオンして L_r と C_r が共振し，2次側では D_5 が導通して出力側に電力が供給される。$f > f_r$ なので，共振の半周期終了前に Q_1 と Q_4 はターンオフする。したがって，図 4.17(c) に示すように Q_1 電流 i_{Q_1} の波形は大きな電流からいきなり 0 A となる。

＜モード2＞　Q_1〜Q_4 すべてオフ

Q_1 と Q_4 がターンオフしても共振電流は流れ続ける。図 4.19 に示すように共振電流は2つに分流し，実線の径路で C_3 を放電 C_1 を充電し，点線の径路で，C_4 を充電 C_2 を放電する。充放電が完了し，C_2 と C_3 の電圧が 0 V になると次のモードに移行する。

＜モード3＞　Q_1,Q_4 はオフ，Q_2,Q_3 はオフからオンへ

C_2 と C_3 の電圧が 0 V になっても共振電流は流れ続け，D_2 と D_3 が導通する。共振電流は負荷側に供給されると同時に電源に回生される。このモードで Q_2 と Q_3 が ZVS でターンオンする。やがて共振の半周期が終了し，負方向の共振が開始して次のモードに移行する。

＜モード1'＞　Q_2 と Q_3 がオン

Q_2 と Q_3 がオンして L_r と C_r が共振し，2次側では D_6 が導通して出力側に電力が供給される。モード1と同じ種類の動作であるが，負方向の共振であり，$i_{Cr} < 0$ である。モード1' に続くモード2' モード3' はそれぞれ，モード2モード3と同じ種類の動作であるが，電流の方向は逆となる。電流径路図は省略する。

モード2からモード3への一連の動作は，3.1.3 項に示した部分共振定番方式のレグ転流動作と同じである。したがって，直列共振型 DC/DC コンバータでは $f > f_r$ のときは通常の電流共振型の ZCS 動作ではなく，部分共振定番方式の ZVS 動作となる。なお，重負荷時は大きな電流でターンオフすることになるので，ZVS を実現するためには C_1〜C_4 はある程度大きい必要があり，外付けの

コンデンサが必要となる。また，動作周波数が共振周波数に近い時や軽負荷時は
ターンオフ時の電流が小さいので，$C_1 \sim C_4$ の充放電を完了できない場合もある。

(4)　出力電圧計算式の導出

　直列共振型 DC/DC コンバータでは図 4.17 に示したように複雑な電流波形と
なり，出力電圧計算式の正確な導出は困難である。そこで，回路各部の電圧・電
流をすべて正弦波で近似し，出力電圧の近似式を導出する。近似計算により，動
作周波数や負荷の変化による出力電圧の変化の傾向を把握することができる。

　図 4.15 の直列共振型フルブリッジ方式 DC/DC コンバータの正弦波近似等価
回路を検討する。$Q_1 \sim Q_4$ からなるフルブリッジ回路は方形波インバータであり，
その出力はピーク値が $\pm V_{in}$ の方形波である。この波形の実効値は V_{in} なので，
実効値が V_{in} の正弦波を V_{in}' とし，これを入力電圧とする。負荷抵抗を R_L と
すると 1 次側換算値は $\left(\dfrac{n_1}{n_2}\right)^2 R_L$ となる。実際の負荷抵抗 R_L への印加電圧は直
流電圧 V_{out} であるが，直流電圧と同じ実効値の正弦波を印加した場合に同じ消
費電力となるように $\dfrac{8}{\pi^2}$ を乗じて次式を等価負荷抵抗 R_L' とする。

$$R_L' = \frac{8}{\pi^2}\left(\frac{n_1}{n_2}\right)^2 R_L \tag{4.48}$$

V_{in}' と R_L' を用いると，**図 4.20** が直列共振型フルブリッジ方式の正弦波近似等
価回路と考えられる。この回路なら容易に，入力電圧 V_{in}' と出力電圧 V_{out}' の関
係式を求めることができる。

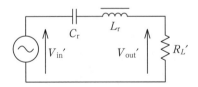

図 4.20　直列共振型フルブリッジ方式の正弦波近似等価回路

C_r，L_r，R_L' の直列回路のインピーダンスを Z とすると

$$Z = \frac{1}{j\omega C_r} + j\omega L_r + R_L' \tag{4.49}$$

$$\frac{V_{\text{out}}'}{V_{\text{in}}'} = \frac{R_L'}{Z} = \cfrac{1}{1 - j\left(\cfrac{\omega L_{\text{r}}}{R_L'} - \cfrac{1}{\omega C_{\text{r}} R_L'}\right)}$$

$$= \cfrac{1}{1 - j\left(\cfrac{2\pi f L_{\text{r}}}{R_L'} - \cfrac{1}{2\pi f C_{\text{r}} R_L'}\right)} \tag{4.50}$$

L_{r} と C_{r} の共振周波数を f_{r}, 共振角周波数を ω_{r} とすると, $\omega_{\text{r}}^2 L_{\text{r}} C_{\text{r}} = 1$ より

$$f_{\text{r}} = \frac{1}{2\pi \sqrt{L_{\text{r}} C_{\text{r}}}} \tag{4.51}$$

LCR 直列共振回路において, L と R のインピーダンス比を「共振の鋭さ」Q といい, 次式で表される。

$$Q = \frac{\omega_{\text{r}} L_{\text{r}}}{R_L'} = \frac{\sqrt{\cfrac{L_{\text{r}}}{C_{\text{r}}}}}{R_L'} \tag{4.52}$$

式 (4.51) と式 (4.52) を用いて $\dfrac{V_{\text{out}}'}{V_{\text{in}}'}$ は次式で与えられる。

$$\frac{V_{\text{out}}'}{V_{\text{in}}'} = \cfrac{1}{1 - j\left(\cfrac{f}{f_r}Q - \cfrac{f_r}{f}Q\right)} \tag{4.53}$$

$F = \dfrac{f}{f_r}$ とおくと

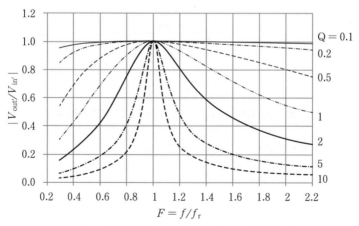

図 4.21　直列共振型フルブリッジ方式の周波数特性

$$\frac{\left|V_{\text{out}}'\right|}{\left|V_{\text{in}}'\right|} = \frac{1}{\sqrt{1 + Q^2 \left(F - \dfrac{1}{F}\right)^2}} \tag{4.54}$$

式 (4.54) のグラフを図 **4.21** に示す。$f = f_r$ では L_r と C_r の直列回路のインピーダンスが 0 になるので $V_{\text{out}}' = V_{\text{in}}'$ である。動作周波数 f が共振周波数 f_r から離れるほどV_{out} は低下する。したがって，$f > f_r$ と $f < f_r$ のどちらの領域を使っても出力電圧制御を行うことができる。ただし，Q が小さいとき，即ち負荷が軽いときは，出力電圧制御のためには動作周波数を大幅に変更する必要がある。

(5)　直列共振型 DC/DC コンバータの実用的価値

図 4.15 のフルブリッジ方式直列共振型 DC/DC コンバータの特性は次のようにまとめることができる。

① 共振電流は負荷に応じて増減する。そのため，並列共振と比較すると軽負荷時の効率を向上できる。

② $f > f_r$ と $f < f_r$ のどちらの領域でも出力電圧の周波数制御を行うことができる。

③ ただし，どちらの領域でも軽負荷時の出力電圧制御には大幅な周波数制御が必要となる。

④ $f > f_r$ では部分共振定番方式で ZVS が可能である。

⑤ $f < f_r$ では ZCS は実現できるが，ZVS は実現できない。さらに，負荷が重いときは大きなサージ電流が発生する。

③や⑤は DC/DC コンバータの実用的価値を損ねるものであり，この回路方式のままで実用化された例は少ない。しかし，この回路方式は次節で説明する広く実用化された電圧クランプ方式電流共振型 DC/DC コンバータや 4.2 節で説明する LLC コンバータの基本となる回路方式であり，電流共振型 DC/DC コンバータの理解のために重要である。

4.1.7　電圧クランプ方式直列共振型 DC/DC コンバータ

図 4.15 はフルブリッジ方式であるが，図 **4.22** はハーフブリッジ方式であり，この回路ではハーフブリッジを構成する二つのコンデンサ C_{r1} と C_{r2} を L_r との

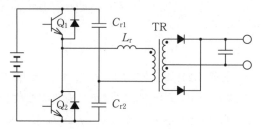

図 4.22　直列共振型ハーフブリッジ方式 DC/DC コンバータ

共振用コンデンサとして使用することができる。

　図 4.23 では C_{r1} と C_{r2} にそれぞれダイオード D_1 とダイオード D_2 を接続している[16]。この回路構成では $v_{C_{r2}}$ が V_{in} 以上に上昇しようとすると D_1 が導通し，$v_{C_{r1}}$ が V_{in} 以上に増加しようとすると D_2 が導通するので，$v_{C_{r1}}$ と $v_{C_{r2}}$ は電源電圧 V_{in} にクランプされる。その結果，「4.1.6(2) ソフトスイッチング成立の可否」で説明した負荷が重いときのソフトスイッチング失敗を防ぐことができる。

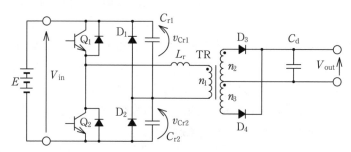

図 4.23　クランプダイオードを有する直列共振型ハーフブリッジ方式

　図 4.24 に動作モードと電流径路を示す。**図 4.25** に共振動作と関係の深い Q_1 と Q_2 の電流波形，および C_{r1} と C_{r2} の電圧波形を示す。これらの波形は図 4.23 の回路を**表 4.3** の条件で動作させたときのシミュレーション波形である。各動作モードの概要は次の通りである。

＜モード 1：Q_1 がオン＞

　Q_1 がオンし，点線の径路で C_{r1} が放電し，実線の径路で C_{r2} が充電される。なお，この回路では変圧器の励磁電流は基本動作に影響しないので図示していな

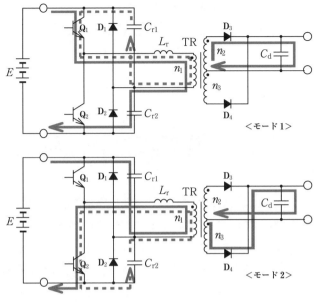

図4.24 電圧クランプ方式直列共振型の電流径路

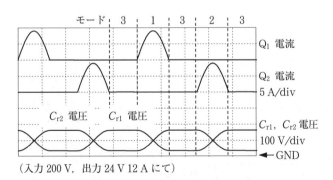

（入力200V，出力24V12Aにて）

図4.25 電圧クランプ方式直列共振型の主要波形

い（図4.16，図4.19も同じ）。C_{r1}とC_{r2}の静電容量をC_rとすると

$$\omega^2 2C_r L_r = 1$$

$$\therefore T = 2\pi \sqrt{2C_r L_r} \tag{4.55}$$

表 4.3　図 4.25 の動作条件

入力	200 V
出力	24 V 12 A
C_{r1}, C_{r2}	0.1 μF
L_r	10 μH
$n_1 : n_2$	4 : 1
動作周波数	60 kHz

が成立する。なお，ω は共振角周波数，T は共振周期である。共振の半周期が経過し，C_{r1} と C_{r2} の充放電が完了するとモード 3 に移行する。

＜モード 3：Q_1,Q_2 ともにオフ＞

Q_1 と Q_2 がともにオフしているので電流は流れず，C_{r1} と C_{r2} の電圧は一定である。

＜モード 2：Q_2 がオン＞

Q_2 がオンし，実線の径路で C_{r1} が充電され，点線の径路で C_{r2} が放電している。共振の半周期が経過し，C_{r1} と C_{r2} の充放電が完了するとモード 3 に移行する。

直列共振型では動作周波数を変動させて出力電圧制御を行うが，図 4.21 に示したように，軽負荷時には動作周波数を大幅に変化させなければならない。動作周波数の変動範囲を抑制するために，L_p と C_p からなる並列共振回路を用いた図 4.26 の回路が使用される。L_p と C_p の並列共振周波数を f_p とすると，

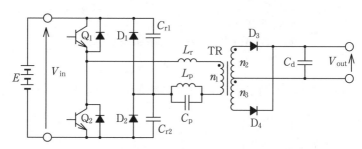

図 4.26　並列共振回路を有する電流共振型ハーフブリッジ方式

$C_{r1}, C_{r2}, L_r, L_p, C_p$ からなる回路全体のインピーダンスは，周波数 f_p で無限大となる。f_p は，L_r と C_{r1}, C_{r2} の直列共振周波数 f_r より低い値に設定される。その結果，軽負荷時でも動作周波数の変動範囲を f_p から f_r までに限定することができる。

4.1.8 スイッチ素子の寄生容量の放電に伴う電力損失

電流共振形では ZCS を実現しているのでスイッチング時の電流は 0A であるが，電圧は大きな値である。たとえば図 4.23 の回路では Q_1 がターンオンするとき，Q_1 には電源電圧の V_{in} が印加されており，Q_1 の寄生容量は V_{in} に充電されている。Q_1 のターンオンにより，寄生容量に蓄積されていたエネルギーは Q_1 で消費される。そのための電力損失 P は次式で与えられる。

$$P = \frac{1}{2} C_1 V_{in}^2 f \tag{4.56}$$

なお，C_1 は Q_1 の寄生容量，f は動作周波数である。Q_2 も同じ電力損失となる。$C_1 = 1\,000\,\mathrm{pF}$ とし，表 4.3 の動作条件で式 (4.56) を計算すると，Q_1 と Q_2 の電力損失の和は 2.4 W となる。表 4.3 では動作周波数 $f = 60\,\mathrm{kHz}$ であるが，$f = 600\,\mathrm{kHz}$ なら電力損失は 24 W と大きな値となる。なお，図 4.25 のシミュレーションでは寄生容量は無視している。

このように，電流共振型では ZCS は実現できるものの，ZVS は実現できないので，動作周波数が高いときはスイッチ素子の寄生容量の放電に伴う電力損失が無視できない値となる。なお，次節で説明する LLC 方式 DC/DC コンバータは電流共振型ではあるが，ZVS を実現できるように工夫されており，高い動作周波数での運用が可能である。

4.2 LLC方式DC/DCコンバータ

4.2.1 LLC方式の概要

LLC 方式 DC/DC コンバータは電流共振型であるが，通常の電流共振型と比べて電流のピーク値を小さくすることができ，動作周波数の変動範囲も抑制することができる。さらに，電流共振型ではあるもののソフトスイッチングのメカニズムは部分共振と同じであり，ゼロ電流スイッチング（ZCS）と同時にゼロ電圧

スイッチング（ZVS）も実現している。また，主要な回路部品の一部を変圧器や
FET の寄生要素で代用することができ，部品点数を抑制することができる。こ
のように優れた特徴があるので 2010 年代以降広く使用されるようになった。

　LLC 方式 DC/DC コンバータの回路構成を図 **4.27** に示す。二つのリアクト
ル L_r と L_m およびコンデンサ C_r で共振回路を構成しているので，LLC 方式
DC/DC コンバータと呼ばれている。略して **LLC コンバータ** とも呼ばれる。L_r
と L_m はそれぞれ変圧器の漏れインダクタンスと励磁インダクタンスを利用で
きる。スイッチ素子に FET を使用した場合は，D_1 と D_2，および C_1 と C_2 は
それぞれ FET の寄生ダイオード，および寄生容量を使用できる。変圧器とスイッ
チ素子の寄生要素を省略した回路図を図 **4.28** に示す。簡単な回路構成であるが，
質の高いソフトスイッチングを実現できる。

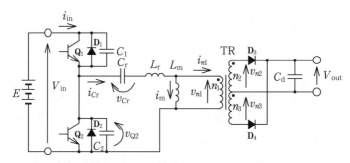

図 **4.27**　LLC コンバータの回路構成と各部の記号

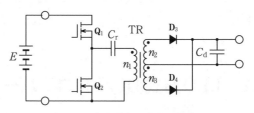

図 **4.28**　寄生要素を除いた回路図

　図 **4.29** はハーフブリッジ方式 LLC コンバータである。図 4.27 の C_r の代わり
に C_{r1} と C_{r2} を共振要素として使用している。図 **4.30** はフルブリッジ方式であ
る。このようにいろいろなバリエーションがあるが，図 4.27 の非対称ハーフブ
リッジ方式が最も広く普及しており，単に LLC 方式といえば図 4.27 の回路構

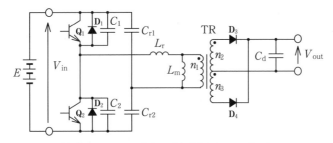

図 4.29　ハーフブリッジ方式 LLC コンバータ

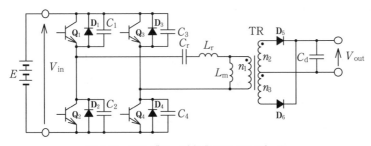

図 4.30　フルブリッジ方式 LLC コンバータ

成を意味する場合が多い。本書では図 4.27 の回路構成を詳しく説明するが，図 4.29 や図 4.30 も動作原理は同じである。

4.2.2　LLC 方式の研究開発の経緯

　LLC 方式は古くからある回路方式であり，ソニーではブラウン管テレビ用の電源として 1990 年代に大量に生産された。文献（17）などの論文も発表されている。また，1990 年代にはサンケン電気（日本の電源メーカ）で実用化されており，Soft-switched Multi-resonant Zero-current-switching converter（略称 SMZ）と称して論文発表されている[18]。しかし，当時はソニーとサンケン電気以外で広く生産されることはなく，研究活動も限られたものであった。LLC 方式は電源電圧変動に弱いという欠点があり，また，通常の PWM 制御の DC/DC コンバータとは動作原理が大きく異なり，設計が簡単ではないことが普及しなかった原因と思われる。なお，LLC という名称が使われ始めるのは 2000

年以降である。

LLC方式が広く普及することになるのは2010年代である。高調波規格を満足するために，大型液晶テレビで高力率コンバータとLLC方式を組み合わせた電源が使われたことがきっかけとなり，広く使われるようになった。近年は，OA機器や家電製品の分野において，高力率コンバータと組み合わせた用途では主流の回路方式となっている。また，質の高いソフトスイッチングを実現可能な特長を生かして，数kWクラスの大きな容量への応用や電源変動への対応を改善されたLLC方式が期待され，広く研究されている。

4.2.3　LLC方式の基本動作

図4.27において，Q_1とQ_2は短いデッドタイムを挟んで交互にオン・オフする。通流率はデッドタイムを無視すればQ_1とQ_2ともに0.5で固定である。したがって，PWM制御ではなく周波数制御で出力電圧を制御する。C_rとL_rで直列共振回路を構成しているが，同時にC_rと$L_r + L_m$でも共振するので二つの共振周波数を有している。C_rとL_rの共振周波数f_rは通常C_rと$L_r + L_m$の共振周波数f_mより高い周波数（数倍程度）に設定する。動作周波数fはf_rとf_mの間に設定する。なお，通常の電流共振形は動作周波数と通流率の双方が変化するが，LLCコンバータは上記のように動作周波数のみ変化する。

LLC方式は回路構成は簡単であるが動作は複雑で，正確な出力電圧計算式を簡単に導出することはできない。そこで共振回路の特性を反映した近似的な等価回路を用いて計算式を導出する。図4.27においてC_r, L_r, L_mの共振回路の入力電圧はスイッチ素子Q_2の電圧v_{Q2}に相当する。Q_1とQ_2は交互にオン・オフするのでv_{Q2}はピーク値がV_{in}の方形波であり，図4.27は**図4.31**のように表すこ

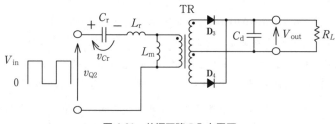

図4.31　共振回路の入力電圧

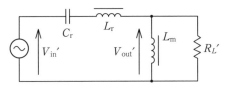

図 4.32　正弦波近似等価回路

とができる。C_r の電圧 v_{Cr} は図示の極性に $\frac{1}{2}V_{in}$ の直流成分を有している。R_L は負荷抵抗である。図 4.31 に対して入力電圧と C_r 電圧からともに $\frac{1}{2}V_{in}$ を減算して直流成分をなくし，さらに入力電圧 v_{Q2} を正弦波で近似して $V_{in}{}'$ とし，負荷抵抗 R_L を 1 次側に換算すると**図 4.32** を得る。$V_{out}{}'$ は出力電圧 V_{out} の 1 次側換算値である。負荷抵抗 $R_L{}'$ は実際の負荷抵抗 R_L から式 (4.57) で換算する。R_L に $\left(\dfrac{n_1}{n_2}\right)^2$ を乗じて 1 次側に換算し，さらに消費電力が等しくなるように $\dfrac{8}{\pi^2}$ を乗じて正弦波交流に換算している。

$$R_L{}' = \frac{8}{\pi^2}\left(\frac{n_1}{n_2}\right)^2 R_L \tag{4.57}$$

図 4.32 から次のように複素数計算で $V_{in}{}'$ と $V_{out}{}'$ の関係式を求めることができる。

$$Z_s = \frac{1}{j\omega C_r} + j\omega L_r \quad Z_p = \cfrac{1}{\cfrac{1}{j\omega L_m} + \cfrac{1}{R_L{}'}} \quad \text{と置くと}$$

$$
\begin{aligned}
\frac{V_{out}{}'}{V_{in}{}'} &= \frac{Z_p}{Z_s + Z_p} = \frac{1}{1 + \dfrac{Z_s}{Z_p}} \\[2mm]
&= \cfrac{1}{1 + \left(\dfrac{1}{j\omega C_r} + j\omega L_r\right)\left(\dfrac{1}{j\omega L_m} + \dfrac{1}{R_L{}'}\right)} \\[2mm]
&= \cfrac{1}{\left(1 + \dfrac{L_r}{L_m} - \dfrac{1}{\omega^2 L_m C_r}\right) + j\left(\dfrac{\omega L_r}{R_L{}'} - \dfrac{1}{\omega C_r R_L{}'}\right)}
\end{aligned} \tag{4.58}
$$

$$S = \frac{L_m}{L_r}, \;\; F = \frac{f}{f_r}, \;\; f_r = \frac{1}{2\pi\sqrt{L_r C_r}}, \;\; Q = \frac{\sqrt{\dfrac{L_r}{C_r}}}{R_L{}'} \quad \text{と置くと}$$

$$\frac{V_{\text{out}}{'}}{V_{\text{in}}{'}} = \frac{1}{\left(1 + \frac{1}{S} - \frac{1}{SF^2}\right) + jQ\left(F - \frac{1}{F}\right)} \tag{4.59}$$

$$\therefore \frac{\left|V_{\text{out}}{'}\right|}{\left|V_{\text{in}}{'}\right|} = \frac{1}{\sqrt{\left(1 + \frac{1}{S} - \frac{1}{SF^2}\right)^2 + Q^2\left(F - \frac{1}{F}\right)^2}} \tag{4.60}$$

表4.4　計算に使用する回路定数

入力電圧 V_{in}	400 V
共振用コンデンサ C_{r}	0.02 μF
漏れインダクタンス L_{r}	200 μH
励磁インダクタンス L_{m}	1 mH
変圧比 $n_1 : n_2$	10:1
負荷抵抗 R_L	3 Ω
動作周波数 f	70 kHz

たとえば，**表4.4** の定数なら次式のように計算できる。

$$S = \frac{1\,\text{mH}}{200\,\mu\text{H}} = 5 \qquad f_r = \frac{1}{2\pi\sqrt{200\,\mu\text{H} \times 20\,\text{nF}}} = 80\,\text{kHz}$$

$$F = \frac{70\,\text{kHz}}{80\,\text{kHz}} = 0.875 \qquad R_{\text{L}}{'} = \frac{8}{\pi^2}10^2 \times 3 = 243\,\Omega$$

$$Q = \frac{\sqrt{\dfrac{200\,\mu\text{H}}{20\,\text{nF}}}}{243} = 0.412$$

$$\frac{\left|V_{\text{out}}{'}\right|}{\left|V_{\text{in}}{'}\right|} = \frac{1}{\sqrt{\left(1 + \frac{1}{5} - \frac{1}{5 \times 0.875^2}\right)^2 + 0.412^2\left(0.875 - \frac{1}{0.875}\right)^2}}$$
$$= 1.055$$

$$\therefore V_{\text{out}} = 1.055 \times V_{\text{in}}{'} \times \frac{n_2}{n_1} = 1.055 \times 200\,\text{V} \times \frac{1}{10} = 21.1\,\text{V}$$

式（4.60）を用い，表4.4 の回路定数で負荷抵抗 R_L を 6 段階に変化させて出力

電圧 V_{out} の周波数特性を求めると図 **4.33** を得る。出力電圧の周波数特性には次のような特徴がある。

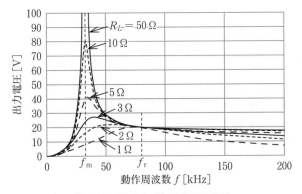

図 **4.33** LLC 方式の出力電圧特性

① $f = f_r$ では C_r と L_r が直列共振しているのでインピーダンス 0 であり，$V_{out}' = V_{in}'$ である。したがって，負荷抵抗 R_L が変化しても出力電圧は変化しない。

② 負荷が重くなる（R_L が小さくなる）と出力電圧は低下する。

③ f が f_m に近づくと出力電圧が増加する。これは C_r と $L_m + L_r$ の直列共振の結果 L_m の電圧が大となり，その電圧が変圧器に印加されるからである。

式 (4.60) は図 4.32 の正弦波近似等価回路から導出したので誤差を含む。正確な出力電圧を求めるには回路シミュレータを使用する必要がある。表 4.4 の回路定数で，シミュレーションで求めた出力電圧と式 (4.30) を用いて計算した正弦波近似計算の出力電圧との比較を**表 4.5** に示す。動作周波数 f が共振周波数 f_r に近いときは，C_r の電流 i_{Cr} の波形は正弦波に近いので誤差は少ないが，共振周波数から離れると誤差が拡大する。

表 **4.5** 出力電圧 V_{out} の比較（共振周波数 f_r は 80 kHz）

動作周波数 f	70 kHz	60 kHz	50 kHz	40 kHz
シミュレーションにて	21.1 V	23.5 V	28.0 V	34.4 V
正弦波近似計算にて	21.1 V	22.7 V	25.1 V	27.2 V

4.2.4 LLC方式の制御方法

DC/DC コンバータの出力電圧 V_{out} の制御特性模式図を**図 4.34** に示す。通常の PWM 制御を行う DC/DC コンバータでは，図 (a) のように通流率 α を最大としたときに，出力電圧 V_{out} が入力電圧 V_{in} と変圧比 n_2/n_1 で決まる最大値となり，通流率を小さくすることにより 0 V まで可変できる。したがって，変圧比を適切に選ぶことにより，任意の出力電圧制御範囲を得ることができる。一方，LLC コンバータでは図 (b) のように，V_{out} の最小値が V_{in} と変圧比で決まり，動作周波数 f を f_{p} まで下げることにより，最大出力電圧 V_{max} を得る。f_{p} は V_{out} のピーク値を与える動作周波数であり，図 4.33 からわかるように，C_{r} と $L_{\text{r}} + L_{\text{m}}$ の共振周波数である f_{m} に近い値となる。したがって，V_{out} の制御範囲を拡大するには V_{max} を大きくする必要があり，そのためには励磁インダクタンス L_{m} を小さくして励磁電流を増加させる必要があり，変圧器の大型化や効率の低下を招く。したがって，LLC コンバータは通常の DC/DC コンバータと比較すると広範囲の V_{out} の制御が難しく，同様に広範囲の V_{in} の変動に対応することが難しく，制御をあまり必要としない用途に用いられることが多い。

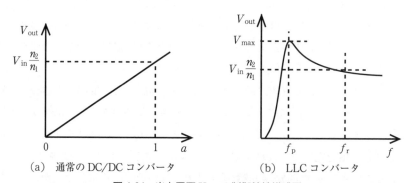

図 4.34　出力電圧 V_{out} の制御特性模式図

LLC コンバータの最も一般的な応用例を**図 4.35** に示す。高力率コンバータでLLC コンバータの入力電圧 V_{in} を定電圧制御し，LLC コンバータは一定の電圧で動作する負荷に定電圧 V_{out} を出力する。このようなシステム構成では，LLCコンバータの広範囲の出力電圧制御機能は不要であり，LLC コンバータの特長を生かした合理的な設計が可能となる。LLC コンバータには専用の制御 IC が多

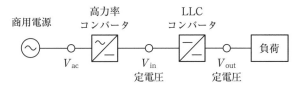

図 4.35 LLC コンバータの通常の使用方法

数市販されているが，そのほとんどは図 4.35 のシステム構成を意識して設計されている。

4.2.5 LLC 方式の動作モード

LLC 方式の基本となる四つの動作モードを**図 4.36** に示す。図 4.27 の L_m は変圧器 TR の励磁インダクタンスを使用すると考え，図 4.36 では表示していない。表 4.4 の条件でで求めた，回路シミュレータによる主要な回路素子の電圧・電流波形を**図 4.37** に示す。各動作モードの概要は次の通りである。

＜モード 1：Q_1 がオン，Q_2 はオフ＞

Q_1 がオンしているので C_r と L_r の直列共振回路が形成され，図 4.36 の実線の径路で共振電流が流れる。共振電流は変圧器を介して D_3 を流れ，出力側に供給される。図 4.37 の Q_1 電流と D_3 電流はモード 1 では正弦波状に変化しており，共振電流であることがわかる。D_3 が導通しているので変圧器の n_2 巻線電圧 v_{n2} は出力電圧 V_{out} でクランプされている。V_{out} は変圧器に正方向に印加されているので励磁電流は正方向に直線的に増加する。次式が成立する。

$$v_{n1} = \frac{n_1}{n_2} v_{n2} = \frac{n_1}{n_2} V_{out} \tag{4.61}$$

$$\Delta i_m = \frac{1}{L_m} v_{n1} T_1 = \frac{1}{L_m} \frac{n_1}{n_2} V_{out} T_1 \tag{4.62}$$

$$V_{in} = \frac{n_1}{n_2} V_{out} + v_{Lr} + v_{Cr} \tag{4.63}$$

なお，Δi_m はモード 1 期間の励磁電流の変化量，T_1 はモード 1 の継続時間である。C_r と L_r の共振が終了し，D_3 電流が 0 となって次のモードに移行する。

＜モード 2：Q_1 がオン，Q_2 はオフ＞

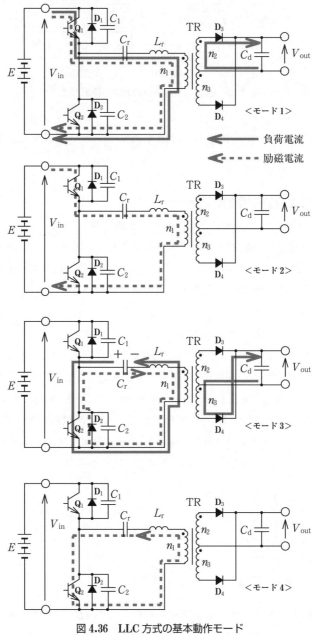

図 4.36　LLC 方式の基本動作モード

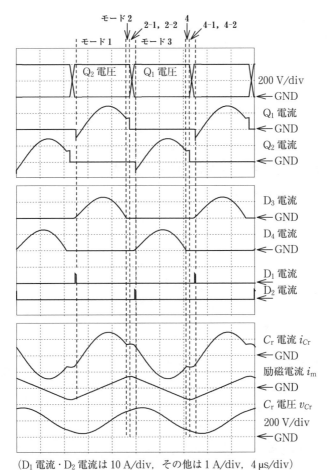

(D₁ 電流・D₂ 電流は 10 A/div, その他は 1 A/div, 4 μs/div)

図 4.37 LLC 方式各部のシミュレーション波形（表 4.4 の条件にて）

C_r と L_r の共振電流が流れ終わり，励磁電流だけが流れ続けているので

$$v_{n1} = (V_{in} - v_{Cr}) \frac{L_m}{L_r + L_m} \tag{4.64}$$

$$i_m(t) = i_m(0) + \frac{1}{L_m} \int_0^t v_{n1}(\tau) d\tau \tag{4.65}$$

が成立する。なお，t はモード 2 開始からの経過時間，$i_m(0)$ はモード 2 開始時点の励磁電流の大きさである。Q₁ がターンオフし，Q₂ がターンオンして次の

モードに移行する。

＜モード 3：Q_2 がオン，Q_1 はオフ＞

　前節で説明したように C_r の電圧 v_{Cr} は $\frac{1}{2}V_{in}$ の直流バイアス電圧を持っている。図 4.37 では 200 V である。さらに C_r はモード 1 とモード 2 で正方向に充電されており，モード 3 開始時点では v_{Cr} は高い正の電圧となっている。したがって，Q_2 のターンオンと同時に，モード 1 とは逆の方向に C_r と L_r の共振電流が流れる。共振電流は変圧器を介して D_4 を流れ，出力側に供給される。D_4 が導通しているので，変圧器の n_3 巻線には出力電圧 V_{out} が負の方向に印加される。負の電圧により励磁電流は減少し，モード 3 の後半では負となる。次式が成立する。

$$v_{n1} = \frac{n_1}{n_2}v_{n3} = -\frac{n_1}{n_2}V_{out} \tag{4.66}$$

$$\Delta i_m = \frac{1}{L_m}v_{n1}T_3 = -\frac{1}{L_m}\frac{n_1}{n_2}V_{out}T_3 \tag{4.67}$$

$$0 = -\frac{n_1}{n_2}V_{out} + v_{Lr} + v_{Cr} \tag{4.68}$$

なお，Δi_m はモード 3 期間の励磁電流の変化量，T_3 はモード 3 の継続時間であり，モード 1 の継続時間 T_1 に等しい。C_r と L_r の共振が終了し，D_4 電流が 0 となって次のモードに移行する。

＜モード 4：Q_2 がオン，Q_1 はオフ＞

　C_r と L_r の共振電流が流れ終わり，励磁電流だけが流れ続けている。励磁電流の方向は逆であるが，モード 2 と同じ動作である。次式が成立する。

$$v_{n1} = -v_{Cr}\frac{L_m}{L_r + L_m} \tag{4.69}$$

$$i_m(t) = i_m(0) + \frac{1}{L_m}\int_0^t v_{n1}(\tau)d\tau \tag{4.70}$$

なお，t はモード 4 開始からの経過時間，$i_m(0)$ はモード 4 開始時点の励磁電流の大きさである。Q_2 がターンオフし，Q_1 がターンオンしてモードに 1 に移行する。

4.2.6 過渡時の動作モードとソフトスイッチング

前項で説明した四つの基本動作モードのうちモード 2 からモード 3 への移行時，およびモード 4 からモード 1 への移行時に過渡的な動作モードが発生する。それぞれの電流径路を図 4.38 と図 4.39 に示す。これらの動作モードによってソフトスイッチングを実現している。

＜モード 2-1 と 2-2＞ （図 4.38）

モード 2 からモード 3 への過渡時にモード 2-1 と 2-2 が発生する。モード 2 では図 4.36 に示したように Q_1 を通って励磁電流が流れている。Q_1 がターンオフするとモード 2-1 に移行し，励磁電流は Q_1 から C_1 に転流して C_1 を充電し，C_1 電圧は上昇する。それに伴い，C_2 は「$C_2 \rightarrow C_r \rightarrow L_r \rightarrow n_1 \rightarrow C_2$」の径路で放電する。$C_1$ の充電と C_2 の放電が完了すると D_2 が導通し，モード 2-2 に移行する。Q_1 ターンオフ時は C_1 電圧は 0 V なので ZVS，Q_2 のターンオンは D_2 が

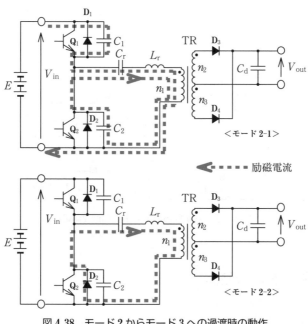

図 4.38 モード 2 からモード 3 への過渡時の動作

導通してから行われるので ZVS である。

図 4.37 においてモード 2-1 では Q_1 の V_{DS} が増加し, Q_2 の V_{DS} が減少しているが, これは C_1 が充電され, C_2 が放電されていることを示している。V_{DS} の増減が完了したあと, D_2 電流が短時間流れているがこれは励磁電流が C_2 から D_2 に転流したことを示している。

<モード4-1と4-2>　（図 4.39）

Q_1 がターンオフし, Q_2 がターンオンするときにモード 2-1 と 2-1 が発生したが, モード 4-1 と 4-2 は, 逆に Q_2 がターンオフし, Q_1 がターンオンするときに発生する。動作原理はモード 2-1,2-2 と同じであり, 励磁電流により C_1 と C_2 の充放電が行われて Q_1 と Q_2 の ZVS が実現する。

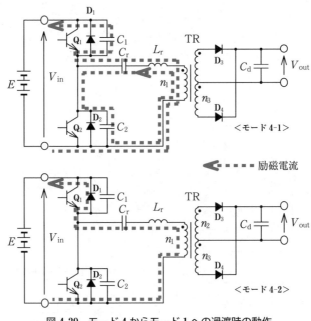

図 4.39　モード 4 からモード 1 への過渡時の動作

4.2.7　過負荷時の動作[19]

LLC 方式では図 4.33 に示したように, 負荷が重くなると出力電圧が低下する。その結果, 過渡時の動作モードが変化し, ソフトスイッチング失敗に到る。

以下に，その原因を説明する。モード 2 の等価回路を図 **4.40** に示す。

　平滑コンデンサ C_d は電圧 V_out の定電圧源とみなし，さらに 1 次側に換算して $V_\mathrm{out}{}'$ としている。$V_\mathrm{out}{}' = \dfrac{n_1}{n_2} V_\mathrm{out}$ である。モード 2 では励磁電流だけが流れており，「$V_\mathrm{in} - v_\mathrm{Cr}$」の電圧を L_r と L_m で分圧しているので v_{n1} は式（4.64）で与えられる。通常は次式が成立する。

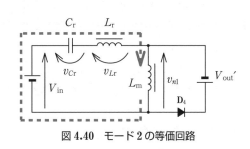

図 **4.40**　モード 2 の等価回路

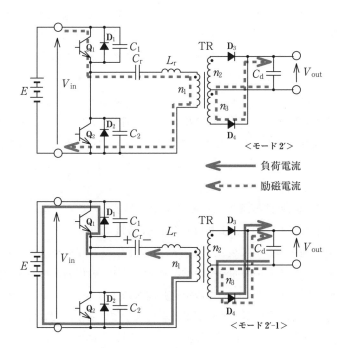

図 **4.41**　過負荷時の動作

$$v_{n1} = (V_{\mathrm{in}} - v_{\mathrm{Cr}}) \frac{L_{\mathrm{m}}}{L_{\mathrm{r}} + L_{\mathrm{m}}} < V_{\mathrm{out}}{'} \tag{4.71}$$

したがって，D_4 は逆バイアスとなり非導通である。しかし，負荷が重く出力電圧が低いときは $(V_{\mathrm{in}} - v_{\mathrm{Cr}}) \dfrac{L_{\mathrm{m}}}{L_{\mathrm{r}} + L_{\mathrm{m}}} > V_{\mathrm{out}}{'}$ となり，D_4 は順バイアスされ，励磁電流は 2 次側に転流する。この動作をモード 2' とし，**図 4.41** に電流径路を示す。励磁電流は急速に 1 次側から 2 次側に転流し，すべてが転流すると次の動作モード（モード 2'-1）に移行する。C_{r} は図示の極性で高い電圧に充電されているので C_{r} が電源となり，実線の径路で負荷電流が流れ，D_1 が導通する。その後 Q_2 がターンオンすると D_1 の逆回復時間の間「$E \rightarrow D_1 \rightarrow Q_2 \rightarrow E$」の径路で大きな電流が流れ，大きなスイッチング損失が発生する。なお，過負荷時はモード 4 でも同じ現象が発生する。この現象は一般に**共振はずれ**と呼ばれる。

4.2.8　電流共振型としての特徴

LLC コンバータはスイッチ素子の電流が正弦波状の波形となるので電流共振型に分類される。その中でも 4.1.6 項で説明している直列共振型の一種と考えられる。直列共振型は並列共振型と比べて，共振電流が負荷側に供給されるので軽負荷時の効率が向上するという長所があるが，負荷変動に対して動作周波数が大幅に変動する，という欠点がある（4.1.6(5) 項参照）。LLC コンバータはこの長所を引き継いでいるが，短所は克服されている。通常の直列共振ではスイッチ素子のオフ時間を制御することにより出力電圧を制御しているので，軽負荷時は動作周波数を大幅に低下させる必要があったが，LLC コンバータでは励磁インダクタンスとコンデンサの共振を使って出力電圧を制御することにより，周波数変動を小さくしている。

また，通常の直列共振型は 4.1.6(1) 項で説明しているように，スイッチ素子のオフ時間を調整することにより出力電圧を制御しているので，スイッチ素子の動作周波数と通流率が共に変化する。一方，LLC コンバータはデッドタイムを無視すればスイッチ素子の通流率は常に 0.5 であり，動作周波数のみ変化する。

電流共振型はスイッチ素子の電流を正弦波状の波形として，ゼロ電流スイッチング（ZCS）によりソフトスイッチングを実現しているが，ゼロ電圧スイッチング（ZVS）は実現していない。そのため，ターンオン時にスイッチ素子の寄生容量を短絡して電力損失を発生させるので，スイッチング周波数をあまり高くする

ことはできない。LLC コンバータは 4.2.6 項で説明しているように，ソフトスイッチングの方法は部分共振定番方式であり，ZVS を実現しているので，寄生容量の短絡は発生しない。そのため，数 100 kHz の動作周波数にも対応することができる。

　このように，LLC コンバータは電流共振型の一種であるが，従来の電流共振型の長所を引き継ぐと同時に，いろいろな欠点が改善されている。

4.2.9　設 計 方 法

　入力電圧と出力電圧の関係式 (4.60) と，この式から導出した出力電圧の周波数特性の図 4.33 から，LLC コンバータの設計方法の指針を得ることができる。PWM 制御を行う通常の DC/DC コンバータとは異なり，動作周波数を制御して出力電圧を制御する。負荷が変化すれば出力電圧は変化するので，入力電圧 V_{in} のみならず出力電流 I_{out} の変化に応じて周波数を制御しなければならない。共振用コンデンサ C_r，漏れインダクタンス L_r，励磁インダクタンス L_m を適切な値に設定しなければならない。表 4.6 の設計仕様を用いて，LLC コンバータの各パラメータの設計方法を検討する。

表 4.6　設計仕様

入力電圧 V_{in}	400 V ± 10% または 20%
出力電圧 V_{oit}	24 V 一定
出力電流 I_{out}	1 A～10 A
共振周波数 f_r	80 kHz

(1)　変圧器の変圧比 n_1/n_2 の設計

　通常の DC/DC コンバータおよび LLC コンバータの出力電圧 V_{out} の制御特性模式図を図 4.34 に示した。通常の DC/DC コンバータでは PWM 制御を行い，出力電圧 V_{out} は 0 V から，入力電圧 V_{in} と変圧比 n_2/n_1 で決まる最大値まで通流率 α で制御する。一方，LLC コンバータでは動作周波数 f が L_r と C_r の共振周波数 f_r のときに，V_{in} と n_2/n_1 で決まる最小出力電圧となる。f を下げることにより V_{out} を上昇させ，V_{out} がピークとなる周波数 f_p までが f の制御範囲となる。したがって，通常の DC/DC コンバータでは変圧比で V_{out} の最大値が決まり，LLC コンバータでは変圧比で V_{out} の最小値が決まる。そのため，LLC

コンバータの変圧比は次のように，通常の DC/DC コンバータとは逆の条件で決定する。

・通常の DC/DC コンバータ：パルス幅最大（通流率最大），入力電圧最小，出力電流最大にて所定の最大出力電圧を得るように n_1/n_2 を決定
・LLC コンバータ：動作周波数 $f = f_r$，入力電圧最大，出力電流最小にて所定の最小出力電圧を得るように n_1/n_2 を決定

また，変圧比の設計では若干の余裕を持たせるが，通常の DC/DC コンバータでは変圧比 n_1/n_2 を小さくする方向に余裕を持たせるのに対し，LLC コンバータでは大きくする方向に余裕を持たせる。

式 (4.60) に $f = f_r$ を代入すると $|V_{out}'| = |V_{in}'|$ となる。したがって，$V_{out}' = (n_1/n_2)V_{out}$，$V_{in}' = (1/2)V_{in}$ より

$$V_{out} = \frac{1}{2}V_{in} \times \frac{n_2}{n_1} \tag{4.72}$$

表 4.6 より $V_{out} = 24\,\mathrm{V}$，$V_{in} = 440\,\mathrm{V}$ を代入して，$n_1/n_2 = 9.16$ を得る。n_1/n_2 が大きくなる方向に余裕を持たせ，ここでは $n_1/n_2 = 10$ とする。

(2)　L_r と C_r の設計

共振周波数 $f_r = 1/2\pi\sqrt{L_r C_r}$ なので，f_r を定めれば L_r と C_r の積が定まる。通常の動作範囲は f_m と f_r の間なので，f_r は上限周波数となる。f_r はスイッチ素子の特性や鉄心の材質などに応じて定めるが，ここでは表 4.6 のように 80 kHz とする。

L_r と C_r の配分は自由に選べるが，L_r を大に C_r を小にすると共振のピークが鋭くなり，その結果動作周波数の変動範囲が小になり，垂下特性（過負荷時の出力電圧低下特性）もシャープとなる。逆に，L_r を小に C_r を大にすると共振がなだらかとなるので，動作周波数の変動範囲が大となり，垂下特性はなだらかとなる。しかし，次項で説明するように，必要となる励磁インダクタンス L_m の値が大となり，励磁電流による損失を抑制することができる。ここでは次の三つの組み合わせを検討する。いずれの場合も $f_r = 80\,\mathrm{kHz}$ である。

① 　L_r 50 μH，C_r 80 nF
② 　L_r 100 μH，C_r 40 nF

③　L_r 200 μH, C_r 20 nF

$L_r C_r$ 直列回路のインピーダンス Z は次式で与えられる。

$$Z = \frac{\left| 1 - \omega^2 L_r C_r \right|}{\omega C_r} \tag{4.73}$$

①, ②, ③それぞれの場合について, Z の周波数特性を図 **4.42** に示す。$f = f_r$ (80 kHz) のときに $Z = 0$ であること, ①, ②, ③の順に Z の変化がなだらかであることがわかる。

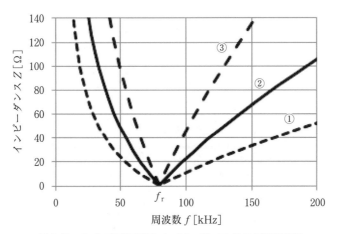

図 **4.42**　$L_r C_r$ 直列回路のインピーダンス Z の周波数特性

(3)　L_m の設計

LLC コンバータは励磁電流を使って昇圧機能を持たせているので, L_m を小さくして励磁電流を大きくするほど出力電圧 V_{out} を高くすることができる。したがって, L_m を小さくするほど図 4.34(b) の V_{max} を大きくすることができるが, 同時に励磁電流が増加して導通損失の増加を招く。よって, L_m は次のように, V_{out} が所定の値を満足する限りにおいてなるべく大きくする。

　　……入力電圧最小, 出力電流最大にて所定の最大出力電圧を得るように L_m を定める。

①, ②, ③それぞれの場合において, 式 (4.60) から計算した出力電圧の周波数特性を図 **4.43** に示す。V_{in} は最小値 (360 V), I_{out} は最大値 (10 A) を使用している。表 4.6 より V_{out} の設計仕様は 24 V であるが, 2 V の余裕を持たせて

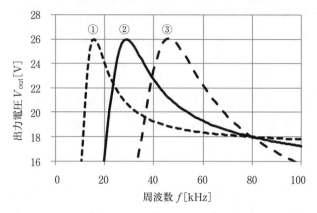

$(V_{\mathrm{in}} = 360\,\mathrm{V},\ I_{\mathrm{out}} = 10\,\mathrm{A}\ \mathrm{にて})$

図 4.43 条件①，②，③での出力電圧/周波数特性

表 4.7 設計例

	L_{r}	C_{r}	L_{m}	最小周波数	短絡電流
①	$50\,\mu\mathrm{H}$	$0.08\,\mu\mathrm{F}$	$1750\,\mu\mathrm{H}$	$20\,\mathrm{kHz}$	$47\,\mathrm{A}$
②	$100\,\mu\mathrm{H}$	$0.04\,\mu\mathrm{F}$	$970\,\mu\mathrm{H}$	$36\,\mathrm{kHz}$	$24\,\mathrm{A}$
③	$200\,\mu\mathrm{H}$	$0.02\,\mu\mathrm{F}$	$630\,\mu\mathrm{H}$	$54\,\mathrm{kHz}$	$12\,\mathrm{A}$

V_{out} の最大値 V_{max} が $26\,\mathrm{V}$ になるように L_{m} の値を選択している。それぞれの場合の L_{m} の値を**表 4.7** に示す。$V_{\mathrm{out}} = 24\,\mathrm{V}$ となる周波数は表 4.7 に記載のように①，②，③それぞれ $20\,\mathrm{kHz}$，$36\,\mathrm{kHz}$，$54\,\mathrm{kHz}$ であり，③のときが最も周波数の変動範囲が狭い。しかし，L_{m} の値は③のときが最も小さく，励磁電流は最も大きい。

式（4.60）を用いると，出力電流 I_{out} を変化させたときの V_{out} の変化を求めることもできる。動作周波数 f を $160\,\mathrm{kHz}$，入力電圧 V_{in} を $440\,\mathrm{V}$ としたときのグラフを**図 4.44** に示す。過負荷時は f を通常の周波数より高くして V_{out} を抑制する（これを垂下制御という）。図 4.44 では f を f_{r}（$80\,\mathrm{kHz}$）の 2 倍としている。①，②，③それぞれの場合の短絡電流（$V_{\mathrm{out}} = 0\,\mathrm{V}$ のときの I_{out}）は表 4.7 に示すように $47\,\mathrm{A}$，$24\,\mathrm{A}$，$12\,\mathrm{A}$ となる。なお，図 4.43 と図 4.44 の作図には文献（20）で提供されている表計算ソフトのワークシートを使用した。

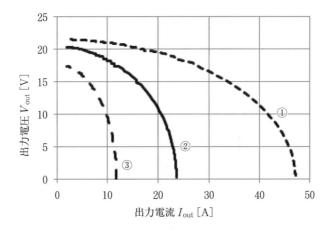

$(f = 160\,\mathrm{kHz},\ V_{\mathrm{in}} = 440\,\mathrm{V}\ \mathrm{にて})$

図 4.44　条件①，②，③での出力電圧/出力電流特性

(4)　V_{in} と I_{out} の変化に対する V_{out} の確認

次の三つの条件で V_{out} の周波数特性を求めたグラフを図 4.45 に示す。L_{r} と C_{r} の値は表 4.7 の②を使用している。

・V_{in} 最大，I_{out} 最小：V_{out} が最大になる条件
・V_{in} 定格，I_{out} 定格
・V_{in} 最小，I_{out} 最大：V_{out} が最小になる条件

図 (a) は V_{in} の変動範囲を表 4.6 の設計仕様通り 400 V ± 10% としたものである。V_{in} と I_{out} の変化に対応して動作周波数 f は 36 kHz から 59 kHz まで変化し，定格時は 45 kHz であることがわかる。

図 (b) は同じパラメータで V_{in} の変動幅を ±20% としたときのグラフである。V_{in} 最小，I_{out} 最大のときは V_{out} を 24 V にできないことがわかる。V_{in} 最大，I_{out} 最小のときの f は上限の 80 kHz すれすれとなる。したがって，設計変更が必要である。

図 (c) では設計変更を施し，変圧比 n_1/n_2 を 10 から 10.5 に，L_{m} を 970 μH から 800 μH に変更している。この定数なら $V_{\mathrm{out}} = 24\,\mathrm{V}$ の定電圧制御を実現でき，周波数変動範囲は 34 kHz～68 kHz，定格時の周波数は 45 kHz となる。図

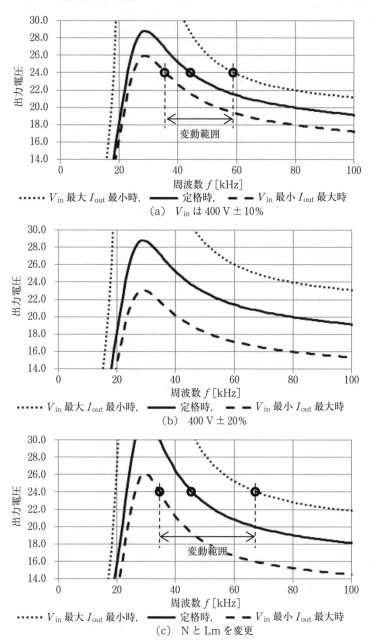

（a）　V_{in} は 400 V ± 10%

（b）　400 V ± 20%

（c）　N と Lm を変更

図 **4.45**　出力電圧 V_{out} の周波数特性（表 **4.8** の条件にて）

表 4.8 図 4.45 の計算条件

	図 (a)	図 (b)	図 (c)
$V_{\text{in max}}$ [V]	440	480	480
$V_{\text{in std}}$ [V]	400	400	400
$V_{\text{in min}}$ [V]	360	320	320
$R_{\text{L max}}$ [Ω]	24	24	24
$R_{\text{L std}}$ [Ω]	2.4	2.4	2.4
$R_{\text{L min}}$ [Ω]	2.4	2.4	2.4
n_1/n_2	10	10	10.5
L_r [μH]	100	100	100
C_r [μF]	0.04	0.04	0.04
L_m [μH]	970	970	800

(添え字の max, std, min はそれぞれ最大値,
定格値, 最小値を示す)

4.45 の計算条件の詳細を表 4.8 に示す.

(5) シミュレーションでの確認

前記のように,式 (4.60) による計算は近似計算なので誤差が含まれる.上記
(1)〜(4) を実施後,シミュレーションで正確な値の確認が必要である.以下に
例を示す.

＜最小入力最大負荷時＞

上記 (4) の計算では $V_{\text{in}} = 360\,\text{V}$, $I_{\text{out}} = 10\,\text{A}$ ($R_{\text{L}} = 2.4\,\Omega$), $f = 36\,\text{kHz}$
にて $V_{\text{out}} = 24\,\text{V}$ となった.しかし,この条件でシミュレーションすると
$V_{\text{out}} = 26.4\,\text{V}$ になり,24 V よりやや高い電圧となる.そこで,f を少し増加さ
せて数回シミュレーションすると $f = 40\,\text{kHz}$ にて $V_{\text{out}} = 24.0\,\text{V}$ とすることが
できる.そのときの波形を図 4.46(a) に示す.Q_1 はターンオン,ターンオフと
もに ZVS を実現している.

＜最大入力最小負荷時＞

上記 (4) の計算では $V_{\text{in}} = 440\,\text{V}$, $I_{\text{out}} = 1\,\text{A}$ ($R_{\text{L}} = 24\,\Omega$), $f = 59\,\text{kHz}$
にて $V_{\text{out}} = 24\,\text{V}$ となった.しかし,この条件でシミュレーションすると
$V_{\text{out}} = 24.4\,\text{V}$ になり,24 V よりやや高い電圧となる.そこで,f を少し増加さ
せて数回シミュレーションすると $f = 61\,\text{kHz}$ にて $V_{\text{out}} = 24.0\,\text{V}$ とすることが

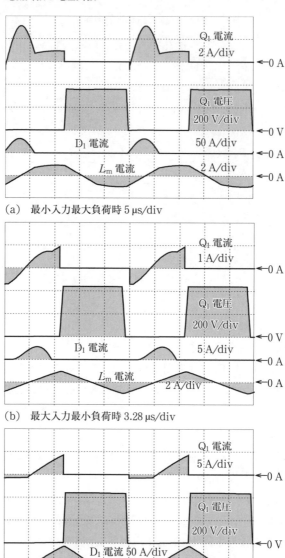

(a)　最小入力最大負荷時 5 μs/div

(b)　最大入力最小負荷時 3.28 μs/div

(c)　負荷短絡時 1.25 μs/div

図 4.46　シミュレーション波形

できる。そのときの波形を図 4.46(b) に示す。Q_1 はターンオン，ターンオフともに ZVS を実現している。

＜負荷短絡時＞

上記 (3) の計算では $V_{in} = 440\,\mathrm{V}$，$V_{out} = 0\,\mathrm{V}$，$f = 160\,\mathrm{kHz}$ にて $I_{out} = 24\,\mathrm{A}$ となった。この条件でのシミュレーション波形を図 4.46(c) に示す。このときの I_{out} は 22.9 A であり，(3) での計算との誤差は小さい。

以上のように，②のパラメータを選択すると，式 (4.60) による計算では V_{out} を定電圧制御するための周波数変動範囲は 36 kHz～59 kHz であったが，シミュレーションにより，正確には 40 kHz～61 kHz であることが確認できる。

(6)　起動時，過負荷時の制御

起動時は突入電流を抑制しながら出力電圧を定格値まで上昇させるようにソフトスタートを行う。PWM 制御を行う DC/DC コンバータではスイッチ素子の通流率を徐々に増加させることでこの目的を実現しているが，LLC コンバータでは動作周波数を十分高い周波数から徐々に減少させることでこの目的を実現する。通常，起動初期の動作周波数は共振周波数 f_r の数倍に設定するが，最大動作周波数を抑制するために，PWM 制御やバースト制御を併用する場合もある。

過負荷時も，動作周波数を f_r より高くすることにより過電流を防止するが，最大動作周波数を抑制するために，PWM 制御を併用する場合もある。フルブリッジ型の LLC コンバータでは位相シフト制御を行う。動作周波数が f_r より高い場合は，多くの場合位相シフト制御を行ってもソフトスイッチングを維持できる。

4.2.10　デッドタイムの影響

4.2.6 項に示したように，Q_1 がターンオフしてから Q_2 がターンオンするまでのデッドタイムの間にモード 2-1 と 2-2 の二つの過渡的な動作モードが発生し，Q_1 と Q_2 の ZVS が実現する。モード 2-1 では Q_1 と Q_2 に並列のコンデンサ C_1 と C_2 を励磁電流で充放電する。充放電が完了すると Q_2 と並列のダイオード D_2 が導通し，モード 2-2 に移行する。デッドタイムの長さ DT が適切であれば，D_2 が導通している間に Q_2 がターンオンして ZVS が実現される。DT が短いと，モード 2-1 でコンデンサが充放電されている間に Q_2 がターンオンし，電荷の

残った状態の C_2 を Q_2 で短絡することになり，ZVS 失敗となる．また，モード 2-2 の間は励磁電流の 1 次側から 2 次側への転流が進行しているので，DT が長すぎると，D_2 を流れる励磁電流が消滅してから Q_2 がターンオンすることになり，ZVS 失敗となる．なお，Q_2 がターンオフしてから Q_1 がターンオンするまでの間にはデッドタイムの間にモード 4-1,4-2 が発生し，モード 2-1,2-2 と同様の動作となる．

図 4.47(a) に DT が適切な場合の波形を示す．図中の①，②，③から次の動作を確認できる．

① Q_1 がターンオフし，Q_1 電流（励磁電流）が流れ終わっている．

② C_1 の充電に伴い，Q_1 電圧が徐々に増加している（モード 2-1）．

③ C_1 の充電完了直後に D_2 が導通している（モード 2-2）．

D_2 電流はすぐに流れ終わっているが，これは DT が終了して Q_2 がターンオンし，D_2 電流が Q_2 に転流したことを示している．

図 4.47(b) に DT が短い場合の波形を示す．図中の①〜⑤から次の動作を確認できる．

① Q_1 がターンオフし，Q_1 電流（励磁電流）が流れ終わっている．

② C_1 の充電に伴い，Q_1 電圧が徐々に増加している（モード 2-1）．

③ C_1 電圧が急増し，瞬時に 400 V に達している．これは DT が短いために C_1 の充電完了前に Q_2 がターンオンしたことを示している．

④ C_1 電圧が急減し，瞬時に 0 V になっている．これは DT が短いためにモード 4-1 での C_1 放電の途中で Q_1 がターンオンしたことを示している．

⑤ Q_1 にサージ電流が流れている．これは Q_1 がターンオンしたときに C_1 の電荷が Q_1 により放電されたことを示している．

図 4.47(c) に DT が長い場合の波形を示す．C_1 の充電が完了し，D_2 が導通するまでは図 (a) と同じ動作をしている．図中の①〜④から次の動作を確認できる．

① D_2 電流が流れ終わっている．これは励磁電流がすべて 1 次側から 2 次側に転流したことを示している．

② Q_1 電圧が少し低下している．これは励磁電流の 2 次側への転流完了後，C_1 の放電が始まったことを示している．

③ Q_1 電圧が少し上昇している．これは②と逆の現象，すなわち，モード

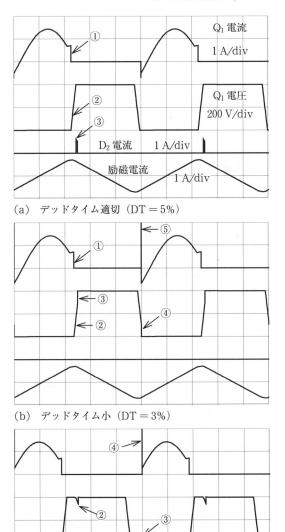

(a) デッドタイム適切（DT = 5%）

(b) デッドタイム小（DT = 3%）

(c) デッドタイム大（DT = 13%）

図 4.47　デッドタイム DT の影響（$V_{\text{in}} = 400\,\text{V}$, $C_1 = C_2 = 500\,\text{pF}$ にて）

4-2において D_1 電流が流れ終わった直後に C_1 の充電と C_2 の放電が発生したことを示している。このときの電流経路を図 **4.48** に示す。この動作モードでは，C_r を電源として C_1 と C_2 を介して 2 次側に電力が供給されていると考えることができ，C_1 と C_2 を充放電している電流は励磁電流ではなく負荷電流である。

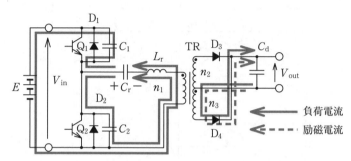

図 4.48　DT が長すぎるときに発生する動作モード

④　Q_1 にサージ電流が流れている。これは C_1 が少し充電された状態で Q_1 がターンオンしたことを示している。

C_1 と C_2 の充放電に要する時間は，励磁電流の大きさと C_1 と C_2 の容量によって決まる。コンデンサの公式「容量×電圧 = 電流×時間」より

$$2CV_{in} = I_m T_{2-1}$$

ただし，C は C_1 と C_2 の容量，I_m は励磁電流，T_{2-1} はモード 2-1 の継続時間。図 4.47 の場合，$C = 500\,\mathrm{pF}$，$V_{in} = 400\,\mathrm{V}$，$I_m = 0.7\,\mathrm{A}$ なので，$T_{2-1} = 0.6\,\mu\mathrm{s}$ と求まる。

励磁電流の大きさは動作条件によって変化するので，デッドタイム DT の大きさも変化させる必要がある。LLC コンバータ専用制御 IC では，スイッチ素子の電圧を検出し，電圧が一定のレベルに達したのち，若干の遅延を持ってスイッチ素子をターンオンさせる，という制御を行っているものが多い。

4.2.11　ハーフブリッジ方式とフルブリッジ方式

以上の各節では，図 4.27 に示した通常の回路方式（非対称ハーフブリッジ方式）の LLC コンバータについて説明した。本節では図 4.29 と図 4.30 に示した

ハーフブリッジ方式とフルブリッジ方式の動作を説明する。動作原理は三つの回路方式すべて同じであり，モード1からモード4の四つの動作モードを持っている。

ハーフブリッジ方式の各動作モードの電流経路を図 **4.49** に示す。モード1では C_{r2} を充電する電流経路と C_{r1}^r が放電する電流経路がある。図では煩雑さを避けて二つの電流経路をそれぞれ別の図に記載したが，両者は同時に同じ大きさで流れている。モード2では励磁電流のみが流れるが，モード1と同様に C_{r2} の充電と C_{r1} の放電の二つの径路を同じ大きさで流れる。モード3ではモード1とは逆に C_{r1} を充電，C_{r2} は放電する。モード4はモード2と同様に励磁電流のみ流れるが，モード2からは充電と放電が逆になる。

C_{r1} と C_{r2} は充放電に伴って電圧は大きく変化するが，共に $(1/2)V_{in}$ の直流成分を持っている。非対称ハーフブリッジ方式（図4.27）の C_r が $(1/2)V_{in}$ の直流成分を持っていたのと同じである。入力電圧 V_{in} と出力電圧 V_{out} の大きさには非対称ハーフブリッジと同じ式 (4.60) が成立する。ただし，C_r の容量は C_{r1} と C_{r2} の合計の値を用いる。回路各部の波形は非対称ハーフブリッジ方式の波形（図4.37）と同じである。

フルブリッジ方式の各動作モードの電流経路を図 **4.50** に示す。非対称ハーフブリッジ方式の電流経路（図4.36）とほぼ同じであるが，フルブリッジ方式なので共振回路への入力電圧は正負対称となり，C_r は直流成分を持たない。そのため，V_{out} は非対称ハーフブリッジ方式の2倍となり，V_{in} と V_{out} の関係式は次式のように式 (4.60) の2倍となる。

$$\frac{|V_{out}{}'|}{|V_{in}{}'|} = \frac{2}{\sqrt{\left(1 + \dfrac{1}{S} - \dfrac{1}{SF^2}\right)^2 + Q^2\left(F - \dfrac{1}{F}\right)^2}} \tag{4.74}$$

回路各部の波形は非対称ハーフブリッジ方式の波形（図4.37）とほぼ同じであるが，C_r 電圧 v_{Cr} の波形は直流成分を持たない。

三つの回路方式の電流波形比較を表 **4.9** に示す。入力電圧 V_{in}，出力電圧 V_{out}，出力電流 I_{out} が等しい場合で，動作周波数 f が共振周波数 f_r に等しいときの電流波形の模式図を示している。励磁電流は無視している。フルブリッジ方式は出力電圧が2倍になるので，変圧比を2倍にすることができ，1次巻線電流 i_{n1} は他の方式の半分の大きさである。スイッチ素子の電流 i_{Q1} は i_{n1} と同じピー

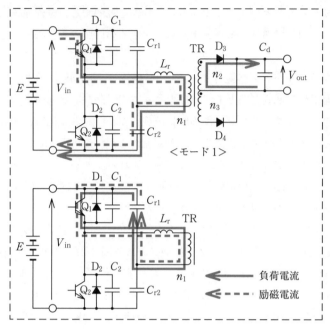

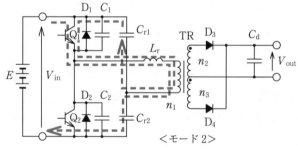

図 4.49　ハーフブリッジ方式

ク値の半波波形となる。入力電流 i_{in} ば非対称ハーフブリッジでは i_{Q1} と等しい
が，ハーフブリッジではピーク値が半分になると同時に負の半サイクルにも流れ
るので非対称ハーフブリッジと比べてリプルが大幅に小さい波形となる。

　フルブリッジは Q_1 電流のピーク値が小さいので大容量に適する。非対称ハー
フブリッジは少容量向け。ハーフブリッジはその中間となる。

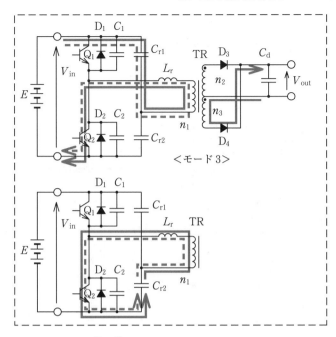

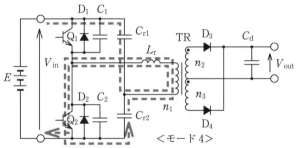

LLC コンバータの電流経路

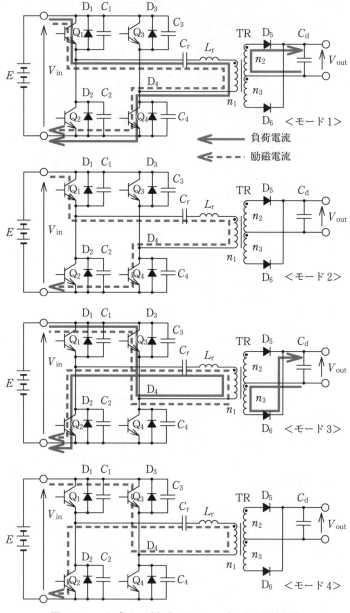

図 4.50　フルブリッジ方式 LLC コンバータの電流経路

表 4.9　三つの回路方式の電流波形比較

(V_{in}, V_{out}, I_{out} が等しい場合の電流波形の模式図)

	フルブリッジ	ハーフブリッジ	非対称ハーフブリッジ
回路図	図 4.30	図 4.29	図 4.27
変圧比	$2n : 1 : 1$	$n : 1 : 1$	$n : 1 : 1$
n_1 巻線 電流 i_{n1} 波形			
Q_1 電流 i_{Q_1} 波形			
入力電流 i_{in} 波形			
特徴	大容量に適する	入力リプル小	小容量向け

4.2.12　出力電圧制御特性の改善方法

4.2.4 項で説明したように，LLC コンバータは出力電圧 V_{out} の制御範囲が狭いので，図 4.35 のような入力電圧 V_{in} の変動が少ない上に V_{out} は定電圧制御される用途に使用することが多い。しかし，LLC コンバータは質の高いソフトスイッチング機能を有するので，多くのシステムでの使用が検討されており，V_{in} の変動範囲が広い場合や，V_{out} の可変電圧制御が必要な用途にも使用される場合がある。その場合は V_{out} の制御範囲を拡大するための特別な方法が必要となる。以下，3 種類の有力な方法を紹介する。

(1)　フルブリッジ／ハーフブリッジ切替方式

フルブリッジ方式 LLC コンバータ（図 4.30）のスイッチ素子 Q_1~Q_4 の通常の制御方法を図 **4.51**(a) に示す。Q_1 と Q_4 および Q_2 と Q_3 をそれぞれ同時にオンオフさせ，Q_1 と Q_4 のペアと Q_2 と Q_3 のペアの間には 180 度の位相差を設ける。この場合，共振回路への入力電圧 v_1 は V_{in} または $-V_{in}$ となる。

フルブリッジの回路をハーフブリッジ動作させる時の Q_1~Q_4 の制御方法を図 (b) に示す。Q_1 と Q_2 の制御方法は通常動作と同じだが，Q_3 は常時オフ，Q_4 は常時オンとする。このように制御すると，非対称ハーフブリッジ方式（図 4.27）と同じ動作となり，v_1 の振幅はフルブリッジ動作の 1/2 となる。よって，入力

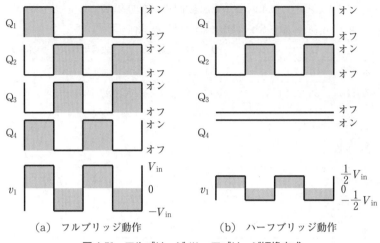

（a）フルブリッジ動作 （b）ハーフブリッジ動作

図 **4.51** フルブリッジ/ハーフブリッジ切換方式

電圧が高いときはハーフブリッジ，低いときはフルブリッジ動作させると広範囲の入力電圧に対応することができる。文献 (21) ではこの回路方式を太陽光発電システムに使用し，70 V から 400 V までの太陽電池の電圧に対応した例が紹介されている。

（2） マルチレベル方式

マルチレベル方式の回路構成を**図 4.52** に示す。基本動作は通常の非対称ハーフブリッジ方式（図 4.27）と同じであるが，スイッチ素子を四つ用いることに

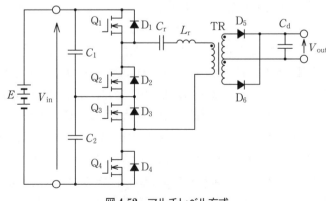

図 **4.52** マルチレベル方式

より V_{in}, $(1/2)V_{\mathrm{in}}$, 0 の三つのレベルの電位を共振回路の入力端子に与えることができる。入力電圧が低いときの 1 次側の電流経路を図 **4.53** に示す。図 (a) では Q_1 と Q_4 がオンして共振回路に電圧 V_{in} を入力する。通常の回路のモード 1 (図 4.36) に対応する動作モードである。変圧器には正の電圧が印加される。図 (b) では Q_2 と Q_3 がオンして共振回路の入力を 0 V とする。C_{r} の電圧が負方向に変圧器に印加される。通常の回路のモード 3 に対応する動作モードである。

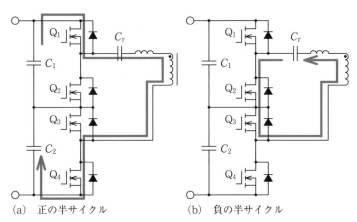

(a) 正の半サイクル   (b) 負の半サイクル

図 4.53 入力電圧が低いときの動作

　入力電圧が高いときの 1 次側の電流経路を図 **4.54** に示す。正の半サイクルには二つの動作モードがあり，図 (a) では Q_1 と Q_3 がオンして共振回路に $(1/2)V_{\mathrm{in}}$ を入力する。変圧器には正の電圧が印加される。Q_3 は FET が同期整

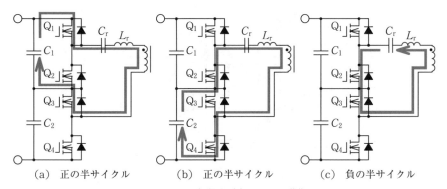

(a) 正の半サイクル   (b) 正の半サイクル   (c) 負の半サイクル

図 4.54 入力電圧が高いときの動作

流動作を行っている。図 (b) では Q_2 と Q_4 がオンして図 (a) と同じ動作を行う。負の半サイクルは図 (c) の電流径路となる。Q_2 と Q_3 がオンして共振回路の入力を 0 V とする。変圧器には C_r の電圧が負方向に印加される。以上 3 種類の動作モードを (a) → (c) → (b) → (c) → (a) → (c) → (b) → (c) のように繰り返す。正の半サイクルでは (a) と (b) を交互に使用するので，二つのコンデンサ C_1 と C_2 の電圧をバランスさせることができる。

文献 (22) では，この回路方式をノートパソコンの AC アダプタに使用して，ワールドワイド電源に対応した例が紹介されている。

(3)　2 次側短絡方式

出力電圧が高い場合には 2 次側の整流に全波整流回路が用いられる。全波整流回路のローサイド側の二つのダイオード D_3 と D_4 にスイッチ素子 Q_3 と Q_4 を並列に接続した回路構成を図 4.55 に示す。Q_3 と Q_4 に FET を用いる場合は D_3 と D_4 はその寄生ダイオードを使用できる。Q_1〜Q_4 のタイムチャートを図 4.56 に

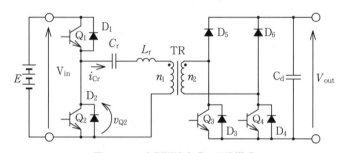

図 4.55　2 次側短絡方式の回路構成

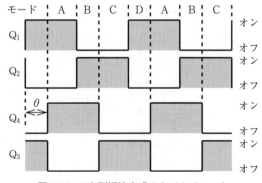

図 4.56　2 次側短絡方式のタイムチャート

示す。Q_1, Q_2 のペアと Q_3, Q_4 のペアは位相差 θ で動作する。スイッチ素子のオン・オフに応じて A〜D の四つの動作モードが発生する。

　モード A の電流経路を図 **4.57** に示す。Q_1 と Q_4 がオンしているので C_r と L_r の共振電流が 2 次側に供給されている。通常の回路方式（図 4.27）のモード 1 と同じ動作である。図 4.56 からわかるように，この回路方式では，モード A の前に Q_1 と Q_3 がオンするモード D が存在する。その電流経路を図 4.57 に示す。Q_3 がオンしているので Q_3 と D_4 で 2 次巻線が短絡されている。したがって，変圧器の電圧は 0V なので，入力電圧 V_{in} はすべて C_r と L_r の直列回路に印加される。その結果共振電流 i_{Cr} は急速に増加するので，次の動作モード A では大きな電力を 2 次側に供給することができる。モード A とモード D は正の半サイクルの動作であるが，モード C・モード B は負の半サイクルの動作であり，それぞれモード A・モード D と同様の動作を行う。

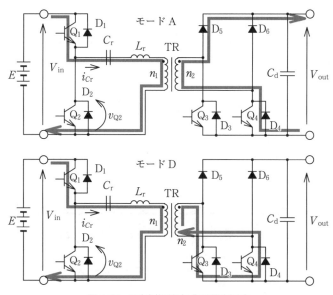

図 4.57 2 次側短絡方式の電流経路

　位相角 θ が 0 のときはモード D とモード B の 2 次側短絡動作は発生せず，通常の回路方式（図 4.27）とまったく同じ動作となり，出力電圧 V_{out} は式（4.60）で与えられる。θ を増やすことにより，2 次側短絡の時間が長くなり，2 次側に

伝達される電力が増加するので，V_{out} は式 (4.60) で与えられる電圧より大とな
る。通常の回路方式では 4.2.9(3) 項で説明したように，V_{out} を大きくするには
励磁電流を大きくする必要があった。2 次側短絡方式を用いると，励磁電流を大
きくすることなく電圧制御範囲を広げることができるので，有力な回路方式とし
て広く研究されている（例えば文献 (23)）。

4.2.13 インターリーブ運転

LLC コンバータは主に数 10 W～200 W 程度の小容量の電源装置として使用
されているが，数 kW クラスの大きな容量への展開も広く検討されている。そ
の場合，LLC コンバータの出力リプル電流の抑制が重要な課題となる。リプル
電流抑制のためには，2 台またはそれ以上のコンバータを**インターリーブ**†運転
させると大きな効果がある。インターリーブ運転では複数のコンバータの出力電
流を平衡させる必要があるが，LLC コンバータでは通常の DC/DC コンバータ
とは**平衡運転**の原理と実現手法が大きく異なる。

(1) LLC コンバータの出力リプルとインターリーブ運転の効果

通常の DC/DC コンバータは**図 4.58**(a) のように出力側に平滑リアクトル L_{d}

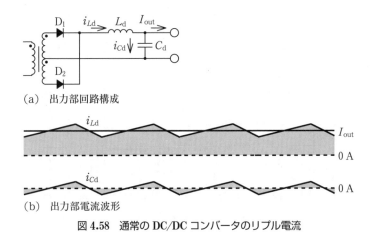

(a) 出力部回路構成

(b) 出力部電流波形

図 4.58 通常の DC/DC コンバータのリプル電流

---

† インターリーブ (interleave) は英語の動詞で，「交互に重ねる」という意味である。
DC/DC コンバータでは，平滑コンデンサなど一部の部品を共有する二つ以上の回路を位
相をずらせて同期運転させることを意味する。平滑コンデンサの小型化などの効果を期
待できる。

があり，その電流 i_{Ld} は図 (b) のような三角波が重畳された直流電流となる。その平均値は出力電流 I_{out} に等しい。平滑コンデンサ C_d のリプル電流 i_{Cd} は次式で表される。

$$i_{Cd} = i_{Ld} - I_{out}$$

したがって，図 4.58(b) に示す波形となる。

　一方，LLC コンバータは図 4.59(a) のように平滑リアクトルがないので，整流電流 i_D は図 (b) のようにピーク値の大きな共振電流となる。そのため，平滑コンデンサ C_d のリプル電流 i_{Cd} は図 (b) のようになり，通常の DC/DC コンバータ（図 4.58(b)）よりかなり大きくなる。

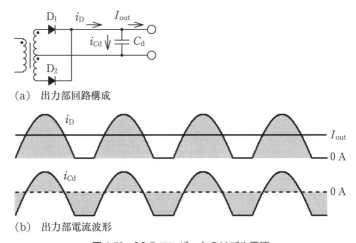

（a）出力部回路構成

（b）出力部電流波形

図 4.59　LLC コンバータのリプル電流

　平滑コンデンサのリプル電流の抑制にはインターリーブ運転が効果的である。図 4.60 に 2 相インターリーブ運転のための回路構成を示す。2 組の LLC コンバータを平滑コンデンサの手前で接続する。スイッチ素子 Q_1,Q_2 と Q_3,Q_4 を互いに 90 度位相をずらせて動作させる。出力側の電流 i_1,i_2,i_3 には次の関係がある。

$$i_3 = i_1 + i_2$$

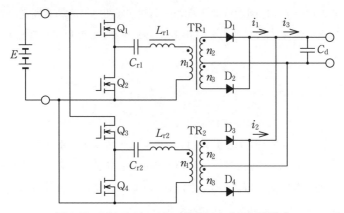

図 **4.60**　2 相インターリーブ運転のための回路構成

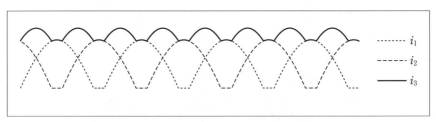

(a)　$f = f_r \times (13/15) \fallingdotseq f_r \times 0.87$ のとき

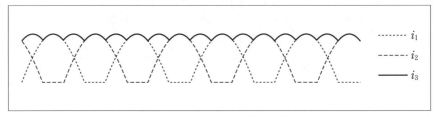

(b)　$f = f_r \times 3/4 = f_r \times 0.75$ のとき

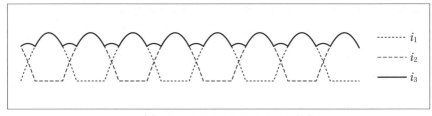

(c)　$f = f_r \times 2/3 \fallingdotseq f_r \times 0.67$ のとき

図 **4.61**　インターリーブ運転時の 2 次側整流電流波形計算値（2 サイクル分を示す）

図 **4.61** に i_1, i_2, i_3 の波形の模式図を示す。(a),(b),(c) はそれぞれ動作周波数 f が共振周波数 f_r の 0.87 倍，0.75 倍，0.67 倍である。f が低いほど i_1 と i_2 の 0 A の期間が長くなる。図では 2 サイクル分の波形を示しているが，i_1 波形と i_2 波形はそれぞれ四つのピークを持ち，大きなリプル電流を含むのに対し，i_3 波形は 16 のピークを持ち，リプル電流は抑制されている。特に，動作周波数 $f = f_r \times 0.75$ のときは 16 のピークがすべて同じ値となり，リプル電流は最小となる。文献 (24) では図 4.60 の回路構成でインターリーブ運転を行うことにより，平滑コンデンサのリプル電流を 1/10 以下に抑制した試験結果が報告されている（文献 (24) の図 8）。

(2) LLC コンバータの平衡運転の特殊性について

インターリーブ運転が効果を発揮するためには，二つの出力電流 i_1 と i_2 が同じ大きさ（同じ平均値と同じピーク値）を持つ必要がある。並列接続された複数の DC/DC コンバータの電流分担を等しくすることを**平衡運転**という。図 **4.62** に通常の DC/DC コンバータの出力電流分担特性を示す。フォワード型など，通常のハードスイッチングの DC/DC コンバータの出力電圧 V_{out} は次式で表される。α はスイッチ素子の通流率，(n_2/n_1) は変圧比である。

$$V_{out} = V_{in} \times \alpha \times (n_2/n_1)$$

この式には出力電流の項がないので，V_{out} の理論値は出力電流が変化しても影響を受けないが，実際には回路に存在する抵抗成分のために図 4.62(b) に示すようにやや右下がりの特性となる。出力電圧 V_{out} は 1 号機，2 号機に共通なので，図 (b) に示すように特性のバラツキに応じて両者の V_{out} が等しくなるよ

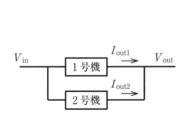

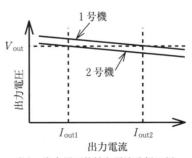

(a) 2 台の並列運転　　　(b) 出力電圧特性と電流分担の例

図 4.62 通常の DC/DC コンバータの出力電流分担特性

うに，両者の出力電流 I_{out1} と I_{out2} が決まる。通常図（b）に示すように I_{out1} と I_{out2} には大きな差が生じるので，平衡運転の実現のためには I_{out1} と I_{out2} を検出し，両者が等しくなるようにフィードバック制御で通流率 α を微調整する。

一方，LLC コンバータの出力電圧 V_{out} は式（4.60）から導出される。この式において，Q,F,S の値は共振回路の L_r, L_m, C_r の値と負荷抵抗（出力電流）で決まる。したがって，LLC コンバータでは二つの回路の L_r, L_m, C_r の値をぴったり同じ値にすれば，特別な制御を行わなくても平衡運転を実現できる。しかし，現実には部品定数のバラツキを完全に避けることはできない。

文献（25）で提供している LLC コンバータ設計用ワークシート「20171211-3.xlsx」を使用すれば LLC コンバータの出力電圧/出力電流特性を描画することができる。これを使って，L_r の値に 10% のバラツキがあった場合の出力電圧/出力電流特性の計算例を図 **4.63** に示す。出力電圧が 24 V の場合，一方の LLC コンバータの出力電流は約 6 A，他方は約 9 A となることがわかる。このようなバラツキを避けるためには何らかの手段で平衡運転を実現する必要がある。

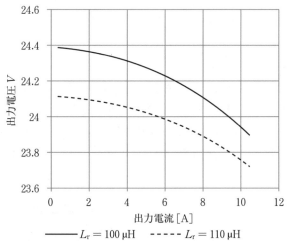

（条件：$L_r = 100\,\mu\mathrm{H}/110\,\mu\mathrm{H}$, $C_r = 40\,\mathrm{nF}$, $L_m = 970\,\mu\mathrm{H}$, $f = 57\,\mathrm{kHz}$, $V_{in} = 440\,\mathrm{V}$）

図 **4.63** L_r のバラツキによる出力電圧の変化

(3) LLC コンバータの平衡運転の実現方法

通常の DC/DC コンバータでは前記のように，フィードバック制御で通流率 α を微調整することにより平衡運転を実現する。LLC コンバータでは出力電圧は

動作周波数 f で制御するので，f を微調整することにより平衡運転を実現するべきである。しかしながら，インターリーブ運転を実施しているということは2台の LLC コンバータはピッタリ同じ周波数で動作していることを意味する。よって，インターリーブ運転をしている限り，平衡運転のために動作周波数 f を個別に制御することはできない。したがって，インターリーブ運転と平衡運転を両立させるためには f の微調整以外の手段が必要である。以下，いくつかの方法を紹介する。

$< L_r$ を可変$>$

　動作周波数 f を微調整する代わりに共振回路の L_r を微調整する。L_r を微調整するには主巻線以外に制御巻線を設け，直流電流を流してコアを部分的に飽和させる，などの方法がある。L_r は TR1 の漏れインダクタンスではなく，外付けとなる。

$<$直列入力方式$>$

　図 4.64 のように，二つの回路の入力を並列ではなく直列とする。二つの回路の入力電流は等しいので i_1 と i_2 も自動的に等しくなる。入力電圧が高い場合は有力な方法である。

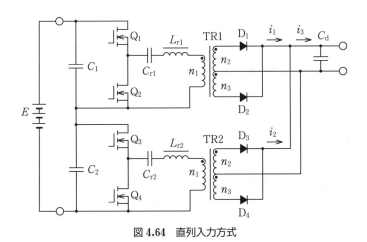

図 4.64　直列入力方式

$<$位相シフト併用方式$>$

　図 4.30 のフルブリッジ型の場合は，3.3 節で説明した位相シフトフルブリッ

ジ方式の図3.33のようにQ₁〜Q₄を位相シフト制御することができる。通常の
LLCコンバータでは位相シフト量θは0度であるが，θを設けることによりQ₁
とQ₃またはQ₂とQ₄が同時にオンするモード（環流モードという）が生じ，出
力電圧を低下させることができる[26]。

4.2.14　双方向電力制御

　電池の充放電や二つのバスライン間の電力融通などを行う場合には，双方向
に電力制御の可能なDC/DCコンバータが必要となる。その場合は文献(1)の
4.5.3項で説明されている電圧型・電流型方式双方向DC/DCコンバータや本書
の3.5節で説明しているDABコンバータなどが使用される。LLCコンバータ
はレベルの高いソフトスイッチングを実現できるので，高周波ノイズの抑制や小
型軽量化が期待でき，双方向DC/DCコンバータの分野でもLLCコンバータを
応用する研究・開発が行われている。

　数kW以上の容量では図4.30のフルブリッジ方式LLCコンバータが使用さ
れるが，図4.30の整流回路を全波整流回路に変更し，さらに全波整流回路をフ
ルブリッジ回路に変更すると**図4.65**の回路が得られる。この回路でQ₁〜Q₄を
動作させ，Q₅〜Q₈をすべてオフすると通常のフルブリッジ方式LLCコンバー
タとなり，V_1を入力，V_2を出力として動作させることができる。逆に，Q₁〜
Q₄をすべてオフし，Q₅〜Q₈を動作させると，V_2を入力，V_1を出力として動作
させることができる。しかし，V_2を入力とする場合は励磁インダクタンスL_m
には単に方形波が印加されるだけであり，C_rと共振動作させることができない。
したがって，図4.65の回路でV_2を入力とする場合は，共振要素としてC_rとL_r

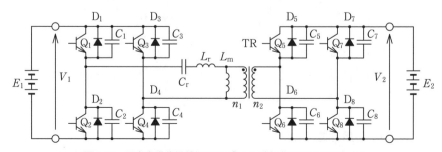

図4.65　双方向動作可能なフルブリッジ方式LLCコンバータ

だけを持つ通常の直列共振型の動作となる。その場合は，軽負荷時の動作周波数大幅低下や重負荷時のソフトスイッチング不成立など，4.1.6 項で説明している通常の直列共振型の欠点をそのまま引き継ぐことになる。

図 4.65 の回路に対して共振用のコンデンサ C_{r2} を付加すると，**図 4.66** の回路となる。L_{r2} は変圧器 TR の 2 次側の漏れインダクタンスである。この回路なら，V_2 を入力とする場合は L_m を C_{r2} と共振させることができ，LLC コンバータとして動作させることができる。

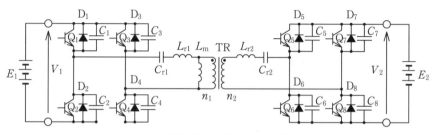

図 4.66　CLLC 方式 DC/DC コンバータ

共振回路の構成から，この回路は CLLC コンバータと呼ばれている。$C_{r1}, C_{r2}, L_{r1}, L_{r2}$ を次のように設定すると，CLLC コンバータは L_r と C_r を共振要素とする LLC コンバータと同じ共振周波数 f_r を持つ。

$$C_{r1} = \left(\frac{n_2}{n_1}\right)^2 C_{r2} = 2C_r \tag{4.75}$$

$$L_{r1} = \left(\frac{n_1}{n_2}\right)^2 L_{r2} = \frac{1}{2}L_r \tag{4.76}$$

しかし，L_m と C_{r1} または C_{r2} との共振周波数は，L_m と C_r の共振周波数 f_m の $\frac{1}{\sqrt{2}}$ 倍となる。したがって，通常の LLC コンバータよりゲインが小になる。

4.2.15　$f > f_r$ での動作

4.2.4 項で説明しているように，LLC コンバータの動作周波数 f は通常 L_r と C_r の共振周波数 f_r より低い領域で変化するように制御される。しかし，過負荷時に出力電圧 V_{out} を低下させる場合や，起動時のソフトスタート中で V_{out} が低い場合などは，$f > f_r$ の状態で動作させることがある。この場合は動作モードが変化し，LLC コンバータの特性に影響を与えるので，設計上の配慮が必要で

ある。

4.2.5 項で説明している通常の動作では，モード 1 で C_r と L_r が共振し，共振が終了するとモード 2 に移行して 1 次側の電流は励磁電流のみとなる。その状態でスイッチ素子 Q_1 と Q_2 がターンオフしてモード 2-1 に移行し，スイッチ素子 Q_1 と Q_2 の寄生容量 C_1 と C_2 が励磁電流によって充放電される。したがって，スイッチ素子 Q_1 と Q_2 がターンオフ時に遮断するのは励磁電流のみであり，大きな共振電流を遮断する必要はない。また，励磁電流は負荷の大小によらず一定なので，C_1 と C_2 は安定した大きさの電流で充放電される。

一方，$f > f_r$ で動作させると，C_r と L_r の共振が完了する前に Q_1 と Q_2 がターンオフするので，Q_1 と Q_2 は大きな共振電流をいきなり遮断しなければならない。この場合の主要な波形を図 4.67 に示す。この図は通常の動作周波数での波形を示している図 4.37 から動作周波数 f だけを変更したものであり，f 以外の動作条件は表 4.4 と同じである。図 4.37 では $f = 70\,\mathrm{kHz}$，図 4.67 では $f = 100\,\mathrm{kHz}$ である。共振周波数 f_r は $80\,\mathrm{kHz}$ である。図 4.67 から，モード 1 終了時に Q_1 を流れている共振電流がいきなり遮断されていることがわかる。

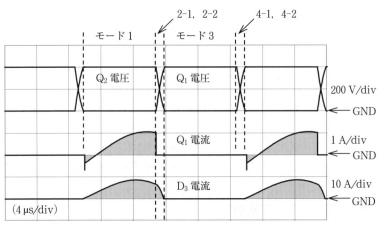

図 4.67　LLC 方式各部のシミュレーション波形（$f > f_r$ にて）

また，モード 2 は存在せず，モード 1 からいきなりモード 2-1 に移行していることがわかる。$f > f_r$ 時のモード 2-1 の電流経路を図 4.68 に示す。C_r と L_r の共振がまだ終わってないので C_1 と C_2 は負荷電流（共振電流）と励磁電流の双

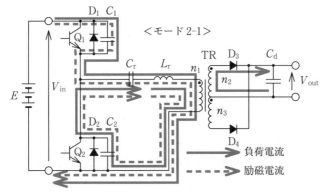

図4.68 $f > f_r$ 時のモード2-1の電流経路

方で充放電される。また，共振が終了するまでは D_3 電流が流れ続ける。

　このように，$f > f_r$ 時は動作モードと電流経路が通常動作から大きく変化するので，次のような配慮が必要である。

①大きな共振電流がスイッチ素子で遮断されるので，配線のインダクタンス成分によるサージ電圧が発生する可能性がある。

②共振電流は負荷の大小により大きさが変化し，さらに Q_1 と Q_2 のターンオフのタイミングによって遮断時の大きさが変化する。その結果，C_1 と C_2 の充放電電流の大きさは大きく変化し，充放電に要する時間も大きく変化する。したがって，デッドタイムの可変制御などが必要となる。

③ $f > f_r$ では励磁電流が小さいので，負荷電流も小さい場合は C_1 と C_2 の充放電電流が小さくて充放電を完了できず，ソフトスイッチングできない場合もある。

④ $f > f_r$ を許容すると，制御方法によっては f が限りなく増加するので，f の上限値を定める必要がある。

4.3　電　圧　共　振　型

4.3.1　電圧共振型の概要

　電圧共振型はスイッチ素子の近傍に設けたリアクトルとコンデンサの共振動作を利用してスイッチ素子の電圧波形を正弦波状の波形とすることにより，ゼロ電

圧スイッチング（ZVS）を実現した回路方式である。スイッチ素子の電圧波形は正弦波状の波形となるので，そのピーク値は大きくなる。また，電流共振型と同様に PWM 制御ができず，動作周波数が変動する。

　電圧共振型は電流共振型とともに 1980 年代に広く研究されて実用化されたが，以上のような欠点があるので 1990 年代以降はあまり使用されなくなった。しかし，2010 年代以降は非接触給電の分野で再び研究されるようになった。また，電圧共振の仲間である E 級スイッチングも非接触給電の分野で注目されている。

　電圧共振型には多くの種類の回路方式があるが，まず 4.3.2 項で最も基本的な回路方式である電圧共振型昇圧チョッパについて詳しく説明する。その後，電圧共振型降圧チョッパ，E 級スイッチング方式昇圧チョッパ，および絶縁型の回路方式を説明する。

4.3.2　電圧共振型昇圧チョッパ

（1）　回路構成と動作モード

　電圧共振型昇圧チョッパの回路構成と各部の記号を図 **4.69** に示す。電圧と電流は矢印の方向を正の方向と定義する。通常のハードスイッチングの昇圧チョッパに対して，スイッチ素子 Q と並列にコンデンサ C_r，ダイオード D と直列にリアクトル L_r を挿入している。L_r と C_r が共振して Q の電圧波形は正弦波状の波形となり，ゼロ電圧スイッチング（ZVS）が実現される。なお，Q に FET を使う場合は D_Q は Q の寄生ダイオードを使用できる。

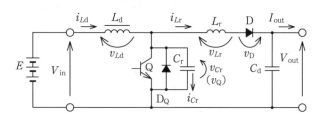

図 4.69　電圧共振型昇圧チョッパの回路構成

　ZVS が成立しているときの各動作モードの電流経路を図 **4.70** 示す。8 個の動作モードがあり，Q はモード 1 終了時に ZVS でターンオフし，モード 6 の途中で ZCS かつ ZVS でターンオフする。主要な電圧・電流のシミュレーション波形を図 **4.71** に示す。波形の動作条件を表 **4.10** に示す。各動作モードの概要を以下

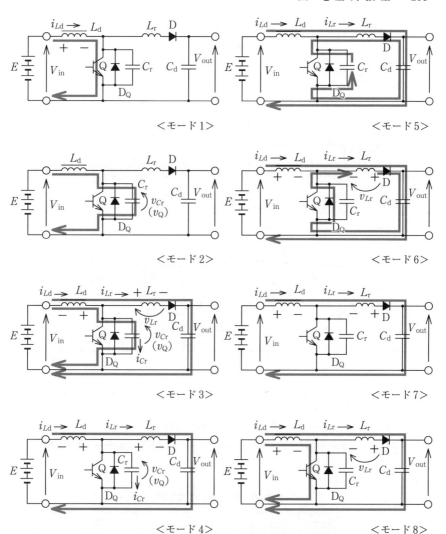

図 4.70 電圧共振型昇圧チョッパの動作モードと電流径路

に説明する。

<モード1> Qはオン

Qがオンしているのでリアクトル L_d に電源電圧 V_{in} が印加され L_d 電流 i_{Ld}

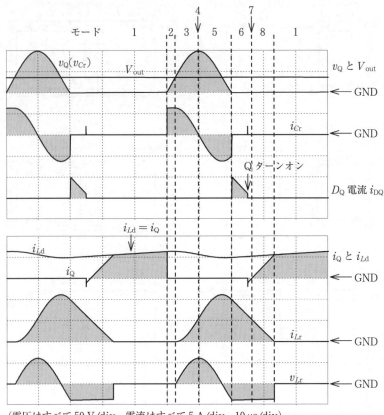

（電圧はすべて 50 V/div，電流はすべて 5 A/div，10 μs/div）

図 4.71　電圧共振型昇圧チョッパのシミュレーション波形（動作条件は表 4.10）

表 4.10　図 4.71 の動作条件

入力	$V_{in} = 24\,\mathrm{V}$
出力	$V_{out} = 36\,\mathrm{V}$，$I_{out} = 3.6\,\mathrm{A}$
共振回路	$L_r = 50\,\mathrm{\mu H}$，$C_r = 0.47\,\mathrm{\mu F}$
動作周波数，通流率	$f = 20\,\mathrm{kHz}$，$\alpha = 0.5$

は増加し，L_d にエネルギーが蓄積される。通常の昇圧チョッパの Q がオンしている動作と同じである。このモードの継続時間を調整することによって，出力電圧 V_{out} を制御できる。Q が ZVS でターンオフして次のモードに移行する。

<モード2>　Qはオフ

QがターンオフしてQに流れていた L_d の電流は C_r に転流し，C_r が充電される。L_d 電流はほぼ一定なので，C_r 電圧 v_{Cr} は直線的に増加する。Qがターンオフの瞬間は v_{Cr}（v_Q）は0であり，ZVSとなる。v_{Cr} が V_{out} を超えて次のモードに移行する。

<モード3>　Qはオフ

$v_{Cr} > V_{out}$ なので $v_{Lr} > 0$ であり，L_r 電流 i_{Lr} は増加する。i_{Lr} の増加に伴い，i_{Cr} は減少する。やがて $i_{Lr} = i_{Ld}$ となって次のモードに移行する。

<モード4>　Qはオフ

$i_{Lr} = i_{Ld}$ なので $i_{Cr} = 0$ である。このとき，v_{Cr} は最大値となる。i_{Lr} は引き続き増加中であり，このモードは一瞬で終了する。

<モード5>　Qはオフ

$i_{Lr} > i_{Ld}$ となり，C_r は放電に転じる。C_r の放電が完了して次のモードに移行する。

<モード6>　Qはオフからオンへ

C_r の放電が完了したので L_r 電流は C_r から D_Q に転流する。このモードでQがZVSかつZCSでターンオンする。$v_{Lr} = -V_{out}$ であり，i_{Lr} は直線的に減少する。$i_{Lr} = i_{Ld}$ となって次のモードへ移行する。

<モード7>　Qはオン

$i_{Lr} = i_{Ld}$ であるが，i_{Lr} は引き続き減少中なので，このモードは一瞬で終了する。

<モード8>　Qはオン

$i_{Lr} < i_{Ld}$ なので，$i_{Ld} - i_{Lr}$ の電流がQに流れる。$v_{Lr} = -V_{out}$ を継続しており，i_{Lr} は直線的に減少する。$i_{Lr} = 0$ となってモード1に戻る。

(2)　等価回路と成立する式

各動作モードの等価回路を**図 4.72** に示す。平滑リアクトル L_d のリプル電流は無視し，E と L_d を定電流源 I_{Ld} で近似している。平滑コンデンサ C_d のリプル電圧も無視し，定電圧源 V_{out} で近似している。スイッチ素子Qとダイオード Dの電圧降下も無視する。各動作モードの等価回路と成立する式は次のように与えられる。時間 t は各動作モードの開始時刻を $t = 0$ とする。

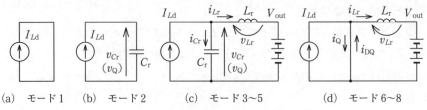

(a)　モード1　(b)　モード2　(c)　モード3〜5　(d)　モード6〜8

図 4.72　電圧共振型昇圧チョッパの等価回路

＜モード1：図 4.72(a)＞

I_{Ld} を Q で短絡している。

＜モード2：図 4.72(b)＞

定電流 I_{Ld} で C_r を充電している。次式が成立する。

$$v_{Cr} = \frac{1}{C_r} I_{Ld} t \tag{4.77}$$

v_{Cr} が V_{out} に達すると i_{Lr} が流れ初め，モード2は終了する。モード2の継続時間を T_2 とすると，

$$V_{out} = \frac{1}{C_r} I_{Ld} T_2 \text{ より, } T_2 = \frac{V_{out}}{I_{Ld}} C_r \tag{4.78}$$

＜モード3〜5：図 4.72(c)＞

モード3〜5すべて等価回路は同じであるが，モード3では $i_{Cr} > 0$，モード4では $i_{Cr} = 0$，モード5では $i_{Cr} < 0$ となる。次式が成立する。

$$v_{Cr}(t) = V_{out} + \frac{1}{C_r} \int_0^t i_{Cr}(\tau) \, d\tau \tag{4.79}$$

$$i_{Lr}(t) = \frac{1}{L_r} \int_0^t v_{Lr}(\tau) \, d\tau \tag{4.80}$$

$$v_{Cr}(t) = V_{out} + v_{Lr}(t) \tag{4.81}$$

$$I_{Ld} = i_{Cr}(t) + i_{Lr}(t) \tag{4.82}$$

以上の微分方程式を解くと

$$i_{Cr}(t) = I_{Ld} \times \cos\left(\frac{1}{\sqrt{L_r C_r}}t\right) \tag{4.83}$$

$$v_{Cr}(t) = V_{out} + I_{Ld}\sqrt{\frac{L_r}{C_r}}\sin\left(\frac{1}{\sqrt{L_r C_r}}t\right) \tag{4.84}$$

＜モード 6～8：図 4.72(d) ＞

　モード 6～8 すべて等価回路は同じであるが，モード 6 では D_Q に電流が流れ，モード 8 では Q に電流が流れる。モード 6 では次式が成立する。

$$i_{DQ}(t) = i_{DQ}(0) - \frac{1}{L_r}V_{out}t \tag{4.85}$$

$i_{DQ}(0)$ はモード 6 の i_{DQ} の初期値だが，モード 5 の $|i_{Cr}|$ の最終値であり，$v_{Cr}(t)$ が 0 になる時刻の $i_{Cr}(t)$ の値（負の値）の絶対値である。モード 8 では次式が成立する。

$$i_Q(t) = -i_{DQ}(0) + \frac{1}{L_r}V_{out}t \tag{4.86}$$

(3)　ソフトスイッチングの成立条件

　(1) 項で記載のように，スイッチ素子 Q はモード 1 終了時に ZVS でターンオフし，モード 6 の途中で ZCS かつ ZVS でターンオンする。Q には並列にコンデンサ C_r が接続されているので，ターンオフは必ず ZVS になる。したがって，この回路のソフトスイッチング成立条件はモード 6 が存在すること，すなわち v_{Cr} が 0 V になって D_Q が導通する期間が存在することである。$v_{Cr}(t)$ の式 (4.84) より，$v_{Cr}(t)$ の最小値 $v_{Cr\min}$ は次式で与えられる。

$$v_{Cr\min} = V_{out} - I_{Ld}\sqrt{\frac{L_r}{C_r}} \tag{4.87}$$

ソフトスイッチング成立条件は $v_{Cr\min} \leqq 0$ である。また，I_{Ld} は入力電流に等しいと考え，電力損失を無視すると

$$I_{Ld} \times V_{in} = I_{out} \times V_{out}$$

よって

$$I_{Ld} = I_{out} \times V_{out} \div V_{in} \tag{4.88}$$

したがって，ソフトスイッチング成立条件は次式で与えられる。

$$I_{out} \geqq V_{in} \sqrt{\frac{C_r}{L_r}} \tag{4.89}$$

電流共振形昇圧チョッパのソフトスイッチング成立条件の式 (4.89) と比較すると，ソフトスイッチングの境界条件は同じであり，不等号の方向が逆であることがわかる。すなわち，電流共振では負荷が重いとソフトスイッチング不可となり，電圧共振では負荷が軽いとソフトスイッチング不可となる。表 4.10 の動作条件では，式 (4.89) に代入してソフトスイッチング成立条件は $I_{out} \geqq 2.4\,\mathrm{A}$ となる。

4.3.3　電圧共振型降圧チョッパ

(1)　回路構成と動作モード

電圧共振型降圧チョッパの回路構成と各部の記号を図 **4.73** に示す。電圧と電流は矢印の方向を正の方向と定義する。通常のハードスイッチングの降圧チョッパに対して，スイッチ素子 Q と並列にコンデンサ C_r，直列にリアクトル L_r を挿入している。L_r と C_r が共振して Q の電圧波形は正弦波状の波形となり，ゼロ電圧スイッチング（ZVS）が実現される。なお，Q に FET を使う場合は $\mathrm{D_Q}$ は Q の寄生ダイオードを使用できる。

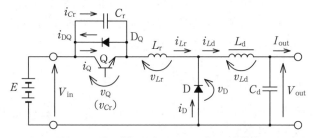

図 4.73　電圧共振型降圧チョッパの回路構成

ZVS が成立しているときの各動作モードの電流経路を図 **4.74** 示す。8 個の動作モードがあり，Q はモード 1 終了時に ZVS でターンオフし，モード 6 の途中で ZCS かつ ZVS でターンオンする。主要な電圧・電流のシミュレーション波形

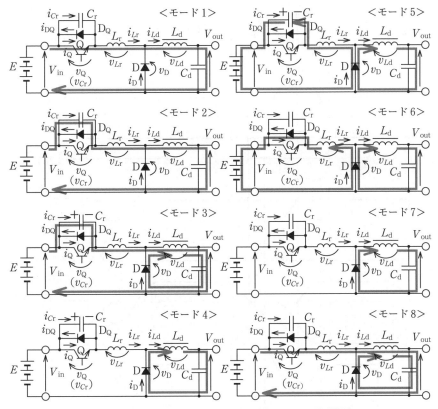

図 4.74　電圧共振型降圧チョッパの動作モードと電流径路

を図 **4.75** に示す。波形の動作条件を表 **4.11** に示す。各動作モードの概要を以下に説明する。

<モード1>　Q はオン

Q がオンしており，出力側に電力が伝達されている。通常の降圧チョッパで Q がオンしている動作と同じである。Q がターンオフして次のモードに移行する。このモードでは Q がオンしているので C_r には電荷が蓄積されておらず，$v_{Cr} = 0$ である。したがって Q のターンオフは ZVS となる。このモードの継続時間を調整することによって，出力電圧 V_{out} を制御できる。

<モード2>　Q はオフ

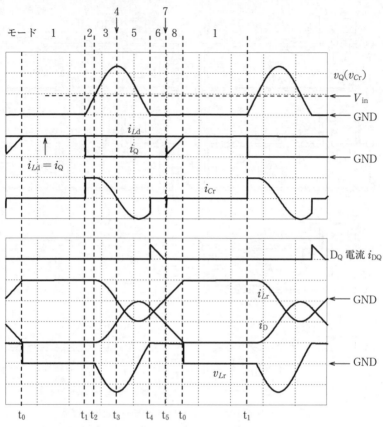

（電圧はすべて 50 V/div，電流はすべて 20 A/div，4 μs/div）

図 4.75　電圧共振型降圧チョッパのシミュレーション波形（動作条件は表 4.11）

表 4.11　図 4.75 の動作条件

入力	$V_{in} = 48$ V
出力	$V_{out} = 20$ V，$I_{out} = 20$ A
共振回路	$L_r = 6$ μH，$C_r = 0.5$ μF
動作周波数，通流率	$f = 50$ kHz，$\alpha = 0.5$

Q がターンオフして Q に流れていた L_d と L_r の電流は C_r に転流し，C_r が充電される。L_d 電流はほぼ一定なので，C_r 電圧 v_{Cr} は直線的に増加する。C_r 電圧

v_{Cr} が V_{in} を超えると次のモードに移行する。

＜モード3＞　Qはオフ

v_{Cr} が V_{in} を超えると v_{Lr} が負となり，i_{Lr} が減少を始める。i_{Ld} はあまり変化しないので $i_{Ld} - i_{Lr}$ の電流が D を流れる。i_{Lr} は減少を続け 0 A となって次のモードに移行する。

＜モード4＞　Qはオフ

$i_{Lr} = 0$，$i_{Ld} = i_D$ である。このとき，C_r 電圧 v_{Cr} は最大値となる。このモードは一瞬で終了し，すぐに次の動作モードが始まる。

＜モード5＞　Qはオフ

前の動作モードで最大値に充電された C_r が電源となって L_r には負方向の電流が流れ，C_r は放電する。放電が完了し，$v_{Cr} = 0$ となって次のモードに移行する。

＜モード6＞　Qはオフからオンへ

C_r の放電が完了したので L_r の電流は C_r から D_Q に転流する。$v_Q = 0$ の状態が維持される。このモードで Q が ZVS かつ ZCS でターンオンする。$|i_{Lr}|$ は直線的に減少し，0 A となって次のモードに移行する。

＜モード7＞　Qはオン

$i_{Lr} = 0$，$i_{Ld} = i_D$ である。このモードは一瞬で終了し，次のモードに移行する。

＜モード8＞　Qはオン

Q がオンしているので $v_{Lr} = V_{in}$ であり，L_r 電流 i_{Lr} は直線的に増加する。$i_{Lr} = i_{Ld}$ となってモード1に戻る。

(2)　等価回路と成立する式

図 **4.76** に電圧共振型の各動作モードの等価回路を示す。各回路に成立する式は以下のように導出される。

＜モード1：図 4.76(a)＞

$V_{in} - V_{out}$ の電圧が L_r と L_d に印加され，i_{Ld}（$= i_{Lr}$）が直線的増加する。増加量 Δi_{Ld} は次式で与えられる。なお，T_1 はモード1の継続時間（$t_1 - t_0$）である。

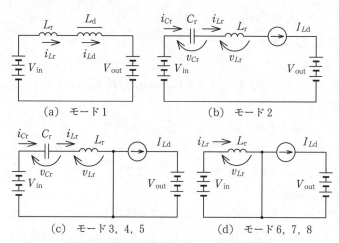

(a) モード1　　　　　　　(b) モード2

(c) モード3, 4, 5　　　　(d) モード6, 7, 8

図4.76　電圧共振型降圧チョッパの等価回路

$$\Delta i_{Ld} = \frac{1}{L_r + L_d}(V_{in} - V_{out})T_1 \qquad (4.90)$$

図4.75のシミュレーションでは L_d のインダクタンスを十分大きな値（1 mH）としており，i_{Ld} は次のように小さな値となっている。

$$\Delta i_{Ld} = \frac{1}{6\,\mu H + 1\,mH}(48\,V - 20\,V) \times 8\,\mu s = 0.19\,A \qquad (4.91)$$

i_{Ld} の平均値は出力電流 I_{out} に等しいので，図4.75では20 Aである。

<モード2：図4.76(b) >

　L_d のリプル電流を無視し，L_d を定電流源 I_{Ld} で近似している。C_r が一定の電流 I_{Ld} で充電され，v_{Cr} は直線的に増加する。次式が成立する。

$$i_{Cr} = i_{Lr} = I_{Ld} \qquad (4.92)$$

$$v_{Cr} = \frac{1}{C_r} \times I_{Ld} \times (t - t_1) \qquad (4.93)$$

図4.75では次式のように計算される。

$$v_{Cr} = \frac{1}{500\,nF} \times 20\,A \times (t - t_1)$$

モード2の継続時間を T_2 とすると，$t = t_2$ のとき $v_{Cr} = V_{in}$，$T_2 = t_2 - t_1$ な

ので

$$\frac{1}{C_r} I_{Ld} T_2 = V_{in}$$

よって，$T_2 = C_r V_{in} \div I_{Ld}$

図 4.75 では，$T_2 = 500\,\text{nF} \times 48\,\text{V} \div 20\,\text{A} = 1.2\,\mu\text{s}$

＜モード3，4，5：図4.76(c)＞

C_r と L_r が共振している。v_{Cr} の初期値は V_{in}，i_{Lr} の初期値は I_{Ld} である。

$$V_{in} = v_{Lr} + v_{Cr} = L_r \frac{d}{dt} i_{Lr}(t) + V_{in} + \frac{1}{C_r} \int_{t_2}^{t} i_{Lr}(\tau) d\tau \quad (4.94)$$

この式を解いて

$$i_{Lr} = i_{Cr} = I_{Ld} \times \cos \omega_n (t - t_2) \tag{4.95}$$

ただし

$$\omega_n = \frac{1}{\sqrt{L_r C_r}} \tag{4.96}$$

なお，モード 3,4,5 の i_{Lr} 波形（i_{Cr} 波形）はピーク値が I_{Ld} の cos 波形であり，式 (4.95) で表されることは図 4.75 からも明かなので，必ずしも式 (4.94) を解く必要はない。i_{Lr} の負のピーク値は $-I_{Ld}$ である。さらに，次式が成立し，この動作モードのすべての電圧・電流を計算することができる。

$$v_{Lr} = L_r \frac{d}{dt} i_{Lr}(t) = L_r \frac{d}{dt} \left(I_{Ld} \cos \omega_n (t - t_2) \right)$$

$$= -\omega_n L_r I_{Ld} \sin \omega_n (t - t_2) = -I_{Ld} \sqrt{\frac{L_r}{C_r}} \sin \omega_n (t - t_2)$$

$$\tag{4.97}$$

$$v_{Cr} = V_{in} - v_{Lr} = V_{in} + \sqrt{\frac{L_r}{C_r}} I_{Ld} \sin \omega_n (t - t_2) \tag{4.98}$$

$$i_D = I_{Ld} - i_{Lr}$$

図 4.75 では次式のように計算される。

$$\omega_n = \frac{1}{\sqrt{6\,\mu\text{H} \times 500\,\text{nF}}}$$

$$共振周波数 f_n = \omega_n/2\pi = 92\,\mathrm{kHz}$$

$$特性インピーダンス \sqrt{\frac{L_r}{C_r}} = \sqrt{\frac{6\,\mu\mathrm{H}}{500\,\mathrm{nF}}} = 3.46\,\Omega$$

＜モード 6, 7, 8：図 4.76(d)＞

モード 6 の i_{Lr} の初期値はモード 5 の i_{Lr} の最終値 $i_{Lr}(t_4)$ なので，次式のように計算される。時刻 t_4 で v_{Cr} はゼロなので

$$v_{Cr}(t_4) = V_{\mathrm{in}} + \sqrt{\frac{L_r}{C_r}} I_{Ld} \sin \omega_n(t_4 - t_2) = 0 \tag{4.99}$$

$$\omega_n(t_4 - t_2) = \sin^{-1}\left(-\frac{V_{\mathrm{in}}}{I_{Ld}} \sqrt{\frac{C_r}{L_r}}\right) \tag{4.100}$$

図 4.75 では $\omega_n(t_4-t_2)=\sin^{-1}\left(-\dfrac{48}{20}\dfrac{1}{3.46}\right)=180°+43.9°=224°$

$$i_{Lr}(t_4) = I_{Ld} \times \cos \omega_n(t_4 - t_2) \tag{4.101}$$

図 4.75 では，$i_{Lr}(t_4) = 20 \times \cos 224° = -14.4\,\mathrm{A}$

なお，$\omega_n(t_4 - t_2) > \pi/2$ なので，$i_{Lr}(t_4)$ は負の値である。モード 6,7,8 では L_r に V_{in} が正方向に印加されるので，i_{Lr} は次式で表される。

$$i_{Lr}(t) = i_{Lr}(t_4) + \frac{1}{L_r} V_{\mathrm{in}} \times (t - t_4) \tag{4.102}$$

(3)　ソフトスイッチングの成立条件

(1) 項で記載のように，スイッチ素子 Q はモード 1 終了時に ZVS でターンオフし，モード 6 の途中で ZCS かつ ZVS でターンオンする。Q には並列にコンデンサ C_r が接続されているので，ターンオフは必ず ZVS になる。したがって，この回路のソフトスイッチング成立条件はモード 6 が存在すること，すなわち共振期間中に v_{Cr} が 0 V になって D_Q が導通できることである。共振期間中の $v_{Cr}(t)$ の式 (4.98) より，$v_{Cr}(t)$ の最小値 $v_{Cr\,\mathrm{min}}$ は次式で与えられる。

$$v_{Cr\,\mathrm{min}} = V_{\mathrm{in}} - I_{Ld} \sqrt{\frac{L_r}{C_r}} \tag{4.103}$$

ソフトスイッチング成立条件は $v_{Cr\,\mathrm{min}} \leqq 0$ である。また，I_{Ld} は出力電流 I_{out}

に等しいと考えると，ソフトスイッチング成立条件は次式で与えられる。

$$I_{\text{out}} \geqq V_{\text{in}} \sqrt{\frac{C_{\text{r}}}{L_{\text{r}}}} \tag{4.104}$$

この式は式 (4.89) と同じであり，電圧共振形降圧チョッパのソフトスイッチング成立条件は電圧共振形昇圧チョッパと等しい。なお，表 4.11 の動作条件では，式 (4.104) に代入してソフトスイッチング成立条件は $I_{\text{out}} \geqq 13.9\,\text{A}$ となる。

4.3.4　電圧共振型チョッパ回路の各種回路方式と出力電圧

以上 2 種類の電圧共振型チョッパ回路を説明したが，電圧共振型チョッパ回路には他にも多くの回路方式が提案されている。主要なものを図 **4.77** に示す。図 (a)～(d) は昇圧チョッパを電圧共振型としたものである。4.3.2 項で説明した電圧共振型昇圧チョッパは図 (b) の半波型 (タイプ 2) にあたる。図 (b) ではスイッチ素子 Q と逆並列にダイオード D_{Q} が接続されており，共振コンデンサ C_{r} には正方向の電圧しか印加することができないので半波型といわれている。図 4.71 に Q の電圧 v_{Q} (v_{Cr}) の例を示している。正方向だけの波形になっていることが確認できる。スイッチ素子に FET を使う場合，D_{Q} は FET の寄生容量を使用できる。

一方，図 (d) では Q と直列にダイオード D_{r} が接続されているので，C_{r} には正負両方向の電圧を印加することができるので全波型といわれている。全波形では D_{r} の電圧降下のため，電力損失が増加する。全波型の動作原理と特性は半波型とおおむね同じであるが，正負両方向に電圧が発生するので出力電圧 V_{out} の計算式は簡単になり，負荷の大きさとは無関係に $V_{\text{out}} = V_{\text{in}} \dfrac{1}{\alpha}$ で近似できる。α は動作周期に占める共振の 1 周期の割合である。動作周期に占める「共振していない期間」の割合を β とすると $V_{\text{out}} = V_{\text{in}} \dfrac{1}{1-\beta}$ となる。電圧共振では「共振していない期間」はスイッチ素子のオン時間に近い時間となる。したがって，β をスイッチ素子の通流率とみなせば，この式は通常の昇圧チョッパの出力電圧計算式と一致する。半波型でも軽負荷時の V_{out} はおおむねこの式に近い値となるが，負荷によって変化し，重負荷時の出力電圧は低下する。

図 (b) と (d) では共振回路のリアクトル L_{r} はダイオード D と直列に接続されているが，図 (a) と (c) では L_{r} はスイッチ素子 Q と直列に接続されている。ここでは，図 (a),(c) をタイプ 1，図 (b),(d) をタイプ 2 という。タイプ 1 とタ

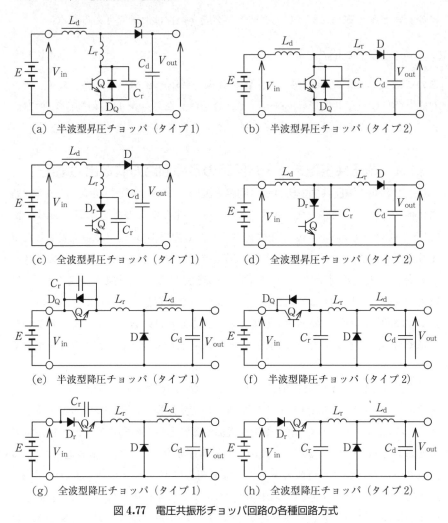

(a)　半波型昇圧チョッパ（タイプ1）

(b)　半波型昇圧チョッパ（タイプ2）

(c)　全波型昇圧チョッパ（タイプ1）

(d)　全波型昇圧チョッパ（タイプ2）

(e)　半波型降圧チョッパ（タイプ1）

(f)　半波型降圧チョッパ（タイプ2）

(g)　全波型降圧チョッパ（タイプ1）

(h)　全波型降圧チョッパ（タイプ2）

図4.77　電圧共振形チョッパ回路の各種回路方式

イプ2は動作原理と特性は同じである。

　図 (e)〜(h) は降圧チョッパを電圧共振型としたものである。4.3.3 項で説明
した電圧共振型降圧チョッパは図 (e) の半波型（タイプ1）にあたる。図 (e)〜
(h) の降圧チョッパも，図 (a)〜(d) の昇圧チョッパと同様に全波型と半波型，
およびタイプ1とタイプ2がある。それぞれの特徴は昇圧チョッパと同じであ
る。全波型では出力電圧 V_{out} は負荷の大きさとは無関係に $V_{out} = V_{in}(1 - \alpha)$

で近似できる。α は動作周期に占める共振の1周期の割合である。動作周期に占める「共振していない期間」を β とすると $V_\text{out} = V_\text{in}\beta$ となる。電圧共振では「共振していない期間」はスイッチ素子のオン時間に近い時間となる。したがって，β をスイッチ素子の通流率とみなせば，この式は通常の降圧チョッパの出力電圧計算式と一致する。半波型では，軽負荷時の V_out はおおむねこの式に近い値となるが，負荷によって変化し，重負荷時の出力電圧は低下する。

4.1 節で説明した電流共振形チョッパ回路と同様に，図 4.77 のチョッパ回路は，通常の昇圧チョッパと降圧チョッパのスイッチ素子を「Q と L_r と C_r」から構成される回路に置き換えたものと考えられる。「Q と L_r と C_r」から構成される回路は**電圧共振スイッチ**と呼ばれており，すべての通常の DC/DC コンバータは，スイッチ素子を電圧共振スイッチに置き換えると，電圧共振型の DC/DC コンバータに変換することができると考えられている [14]。電圧共振型ではスイッチ素子の電圧波形は正弦波に準じる波形になるので，これらの回路方式は**準共振コンバータ**（Quasi Resonant Converter）と呼ばれている。

共振型チョッパ回路の特性を電流共振型も含めて**表 4.12** にまとめて示す。電流共振ではスイッチ素子がオンしている間に共振するので，オン時間は制御できない。オフ時間を制御して出力電圧を所定の電圧に調整する。逆に電圧共振ではスイッチ素子がオフしている間に共振するので，オフ時間は制御できず，オン時間が制御対象となる。

表 4.12　共振型チョッパ回路の特性

	電流共振		電圧共振	
	昇圧チョッパ	降圧チョッパ	昇圧チョッパ	降圧チョッパ
制御対象	オフ時間	オフ時間	オン時間	オン時間
動作周波数	V_out 大で増加	V_out 大で増加	V_out 大で低下	V_out 大で低下
通流率	V_out 大で増加	V_out 大で増加	V_out 大で増加	V_out 大で増加
出力電圧近似式 注1) 注2)	$V_\text{in}\dfrac{1}{1-\alpha}$	$V_\text{in}\alpha$	$V_\text{in}\dfrac{1}{1-\beta}$	$V_\text{in}\beta$
ソフトスイッチング範囲	$I_\text{out} \leqq V_\text{in}\sqrt{\dfrac{C_\text{r}}{L_\text{r}}}$	$I_\text{out} \leqq V_\text{in}\sqrt{\dfrac{C_\text{r}}{L_\text{r}}}$	$I_\text{out} \geqq V_\text{in}\sqrt{\dfrac{C_\text{r}}{L_\text{r}}}$	$I_\text{out} \geqq V_\text{in}\sqrt{\dfrac{C_\text{r}}{L_\text{r}}}$

注1) 半波型は負荷によるレギュレーションあり。
注2) α は1周期に占める共振時間の割合。β は1周期に占める共振していない時間の割合。α と β はともにスイッチ素子の通流率に近い値である。

　出力電圧 V_{out} を増加させる場合，電流共振ではオフ時間を短くするので1周期は短くなり，動作周波数は増加する。逆に電圧共振ではオン時間を長くするので動作周波数は低下する。どちらの場合もスイッチ素子の通流率は増加する。

　出力電圧を与える式は，1周期に占める共振時間の割合を使うことにより簡単な式で近似することができる。電流共振では共振時間がスイッチ素子の導通時間におおむね一致するので，その割合 α を使うと昇圧チョッパ・降圧チョッパともに通常の非共振の昇圧チョッパ・降圧チョッパと同じ出力電圧の式となる。電圧共振では共振してない時間がスイッチ素子の導通時間におおむね一致するので，その割合 β を使うと，昇圧チョッパ・降圧チョッパともに通常の非共振の昇圧チョッパ・降圧チョッパと同じ出力電圧の式となる。

　ソフトスイッチング可否の境界は電流共振・電圧共振ともに同じ式で与えられる。ただし，電流共振では出力電流が小さいときにソフトスイッチング可となり，電圧共振は逆に出力電流が大きいときにソフトスイッチング可となる。

4.3.5　E級スイッチングによる昇圧チョッパ

　近年，非接触給電の分野でE級スイッチングが注目されている。E級スイッチングは古くからある技術で，DC/DCコンバータの分野では1980年代に広く研究された。しかしながら，E級スイッチングにはいくつかの克服の困難な課題があり，DC/DCコンバータの分野で広く実用化されることはなかった。この節ではE級スイッチングの理解の一助として，1980年代に広く研究されたE級スイッチングによる昇圧チョッパの概要を説明する。

（1）　E級スイッチングによる昇圧チョッパの回路構成

　図 4.69 に電圧共振型昇圧チョッパの回路構成を示した。**図 4.78** に E 級スイ

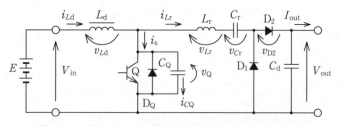

図 4.78　E級スイッチングによる昇圧チョッパの回路構成

ッチングによる昇圧チョッパの回路構成を示す。図 4.69 に対して，L_r と直列の C_r，およびバイパス用ダイオード D_1 が追加されている。電圧共振型昇圧チョッパでは，図 4.71 の v_Q と i_Q に示すように，スイッチ素子の電圧は正弦波状の波形となるが，電流は矩形波状の波形である。図 4.78 の E 級スイッチングでは，L_r と C_r の共振のため，スイッチ素子の電流波形も正弦波状となる。また，図 4.69 では共振用リアクトル L_r の電流 i_{Lr} は常に正であるが，図 4.78 ではバイパスダイオード D_1 のために i_{Lr} は正負双方向に流れる。

このように，E 級スイッチングによる昇圧チョッパは電圧共振型昇圧チョッパと類似点が多いが，二つの部品の追加のためにやや複雑な動作となる。

(2) E 級スイッチングの電圧波形

次の二つの条件を満足するスイッチングが E 級スイッチングと呼ばれている。

①スイッチ素子ターンオン時のスイッチ素子電圧がゼロ

②スイッチ素子ターンオン時のスイッチ素子電圧波形の傾きがゼロ

図 4.79 にこれらの条件を図示している。図 (a) は上記の①のみを満足する波形であり，ゼロ電圧スイッチング（ZVS）と呼ばれている。図 (b) は①と②の双方を満足しているので E 級スイッチングである。

E 級スイッチングの成立条件を**図 4.80** に示す。ZVS を実現するためには，図

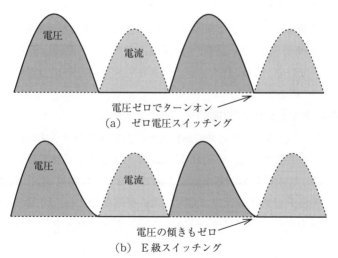

図 4.79 ゼロ電圧スイッチングと E 級スイッチング

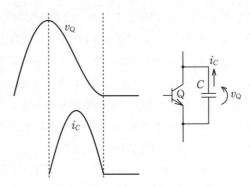

図 4.80　E 級スイッチングの成立条件

4.80 の回路図のようにスイッチ素子 Q と並列にコンデンサ C を設ける必要がある。そして，Q がターンオンするまでに何らかの方法で C の放電を完了させて $v_Q = 0$ とすれば①が成立する。さらに②を成立させるには，図 4.80 の v_Q と i_C に示すように，$v_Q = 0$ となった時点で C の放電電流 i_C も 0 A となる必要がある。したがって，ぴったりのタイミングでコンデンサ C の充放電を制御する必要があり，特定の動作条件に対して E 級スイッチングを実現するには C の容量など部品定数をきっちり合わせ込む必要がある。通常 DC/DC コンバータでは，入力電圧や出力電流が変化しても正常動作する必要があるが，このような変化に対して常に E 級スイッチングが成立するように設計することは困難である。

　図 4.78 の回路構成で②は成立せず，①のみ成立させた動作は**準 E 級スイッチング**と呼ばれている。準 E 級スイッチングなら入力電圧や出力電流の変化に対応することができる。

(3)　準 E 級スイッチングの動作モードと電流径路

　図 4.81 に準 E 級スイッチングの動作モードと電流径路を示す。L_r と C_r には常時正弦波状の共振電流 i_{Lr} が流れる。L_d は大きなインダクタンスを用い，その電流 i_{Ld} はリプル成分の小さな直流電流である。共振電流 i_{Lr} と直流電流 i_{Ld} は，スイッチ素子 Q のオンオフに応じて電流径路が変化し，10 個の動作モードを生じる。Q のターンオフはモード 1，ターンオンはモード 7 で行われ，共に ZVS となる。

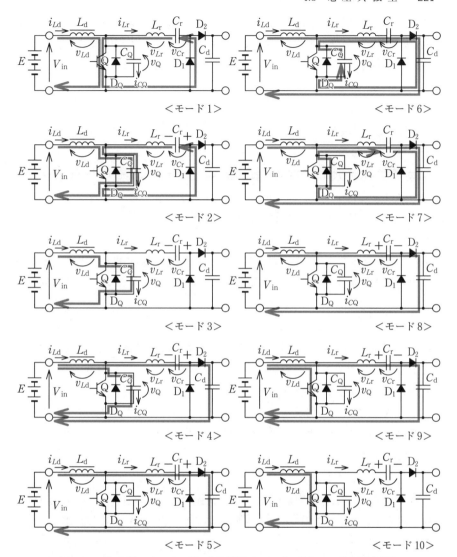

図 4.81　準 E 級スイッチングによる昇圧チョッパの動作モードと電流径路

<モード1>　Q はオン

　Q には L_d 電流および L_r と C_r の共振電流が流れている。i_{Lr} は負である。Q がターンオフして次のモードに移行する。

<モード2>　Q はオフ

QがターンオフしたのでL_d電流と共振電流はQからC_Qに転流する。C_Q電圧v_Qは0Vから徐々に増加するので，Qのターンオフは ZVS である。共振電流の大きさ$|i_{Lr}|$は徐々に減少し，0Aとなって次のモードに移行する。

＜モード3＞　Qはオフ

共振電流が0AとなったのでC_QはL_d電流のみで充電される。このモードは一瞬で終了し，すぐに逆方向の共振が始まり，次のモードに移行する。

＜モード4＞　Qはオフ

i_{Lr}が正の方向の共振が始まる。L_d電流はi_{Lr}とi_{CQ}に分流する。「$i_{Lr}+i_{CQ}=i_{Ld}=$ ほぼ一定」なので，共振電流i_{Lr}が増加するにつれて，i_{CQ}は減少する。$i_{CQ}=0$となって次のモードに移行する。

＜モード5＞　Qはオフ

$i_{CQ}=0$となったのでL_d電流はすべてL_rC_r共振回路に供給される。共振電流は引き続き増加するので，このモードは一瞬で終了し，次のモードに移行する。

＜モード6＞　Qはオフ

L_rC_r共振電流のうちL_d電流を超えた部分はC_Qから供給される。C_Qの放電が完了し，$v_Q=0$となって次のモードに移行する。

＜モード7＞　Qはオフからオンへ

$v_Q=0$Vとなったので共振電流はC_QからD_Qに転流する。このモード中にQは ZVS でターンオンする。共振電流は徐々に減少し，$i_{Lr}=i_{Ld}$となって次のモードに移行する。

＜モード8＞　Qはオン

$i_{Lr}=i_{Ld}$なのでL_d電流はすべてL_rC_r共振回路に供給される。共振電流は引き続き減少するので，このモードは一瞬で終了して次のモードに移行する。

＜モード9＞　Qはオン

共振電流の減少により$i_{Lr}<i_{Ld}$となったので，L_d電流はQに分流する。共振電流がさらに減少して0Aとなって次のモードに移行する。

＜モード10＞　Qはオン

共振電流が0AとなったのでL_d電流はすべてQを流れる。このモードは一瞬で終了し，すぐに逆方向の共振が始まり，モード1に戻る。

(4)　準 E 級スイッチングの回路各部の電圧・電流波形

　図 4.82 に準 E 級スイッチング動作時の回路各部のシミュレーション波形を示す。表 4.13 にシミュレーションの動作条件を示す。この条件は文献 (27) の図 7(a) の実験条件を流用している。図 4.82 のシミュレーション波形は文献 (27) 図 7(a) の実験波形とほぼ一致している。なお，文献 (27) は E 級スイッチングを用いた昇圧チョッパの実験結果を示すと同時に，詳しく解析してその特性を導出している。

　図 4.82 から次の動作が確認できる。

・Q はモード 1 終了時にターンオフし，共振電流が Q から C_Q に転流している。

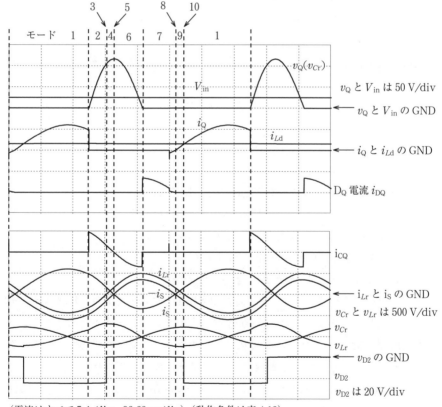

（電流はすべて 5 A/div，96.62 ns/div）（動作条件は表 4.13）

図 4.82　準 E 級スイッチング動作時のシミュレーション波形

表 4.13 図 4.82 と図 4.83 の動作条件

項目	図 4.82（準 E 級）	図 4.83（E 級）
入力電圧 V_{in}	25 V	同左
出力電圧 V_{out}	24 V	40.7 V
出力電流 I_{out}	1.5 A	0.9 A
共振回路 L_{r}	4.2 µH	同左
共振回路 C_{r}	1.68 nF	同左
動作周波数 f	2.07 MHz	2.11 MHz
通流率 α	0.5	同左
平滑リアクトル L_{d}	100 µH	同左
平滑コンデンサ C_{d}	10 µF	同左
負荷抵抗 R_{L}	16 Ω	45.15 Ω

・Q の電圧 v_Q はモード 2 で徐々に増加しており，Q のターンオフは ZVS である。

・モード 6 終了時に共振電流は C_Q から D_Q に転流している。

・Q はモード 7 で ZVS でターンオンしている。

・i_S は Q,D_Q,C_Q の電流の合計であるが（図 4.78 参照），$i_{Lr} - (-i_S) = i_{Lr} + i_S = i_{Ld}$ が常に成立している。

(5)　E 級スイッチングの回路各部の電圧・電流波形

図 4.82 のシミュレーション条件から次の 2 項目を変更したシミュレーション結果を図 **4.83** に示す。動作条件を表 4.13 に示す。

① 　負荷抵抗を 16 Ω から 45.15 Ω へ

② 　動作周波数を 2.07 MHz から 2.11 MHz へ

図 4.83 の v_Q 波形はモード 6 終了時に傾きがゼロになっており，E 級スイッチングを実現していることがわかる。C_Q 電流 i_{CQ} はモード 6 終了時にゼロになっており，図 4.80 に示されている E 級スイッチングの成立条件が満たされていることがわかる。モード 6 終了と同時に Q はターンオンしており，その後，Q の電流 i_Q が増加する。したがって，準 E 級動作では存在した D_Q が導通する動作モード（モード 7）は存在しない。図 4.83 では i_{DQ} は常に 0 A になっている。

なお，E 級スイッチング動作が実現するのは，表 4.13 の部品定数では上記①

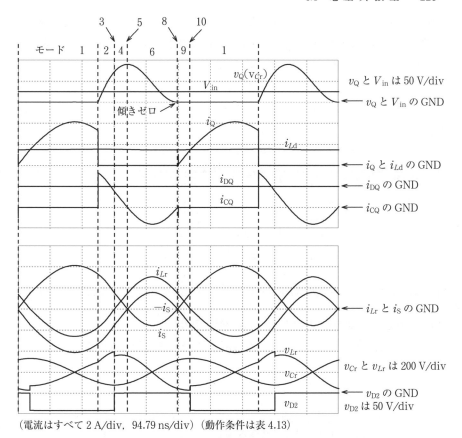

（電流はすべて 2 A/div，94.79 ns/div）（動作条件は表 4.13）

図 4.83　E 級スイッチング動作時のシミュレーション波形

②の条件のときのみであり，その他の条件では準 E 級スイッチングまたはハードスイッチングとなる。また，図 4.82 と図 4.83 からわかるように，スイッチ素子の電圧・電流のピーク値は通常の昇圧チョッパよりたいへん大きくなる。

4.3.6　絶縁形の電圧共振型 DC/DC コンバータ

変圧器を有する絶縁形の電圧共振型 DC/DC コンバータも 1980 年代に広く研究されたが，あまり実用化されることはなかった。しかし，**電圧共振型フォワード方式**の回路構成は誘導加熱の分野で広く使用された。**図 4.84** に，電磁調理器に広く使用されたシステム構成を示す[28]。n_2 は鍋やフライパンなどの加熱対象

金属であり，1ターンの巻線と等価と考えられる。R_L は金属の抵抗成分である。n_1 巻線は加熱コイルであり，加熱コイルと加熱対象金属が変圧器 TR を構成している。TR の励磁インダクタンスと C_1 が共振して Q の電圧 v_Q は正弦波状の波形となる。電圧共振型フォワード方式は近年非接触給電の分野でも研究されている。本項では，電圧共振型 1 石フォワード方式 DC/DC コンバータの概要を説明する。

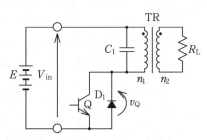

図 4.84　1 石フォワード方式の誘導加熱システム（n_2 は加熱対象金属，R_L は金属の抵抗成分）

（1）　電圧共振型 1 石フォワード方式の基本動作

電圧共振型 1 石フォワード方式 DC/DC コンバータの回路構成を図 4.85 に示す。

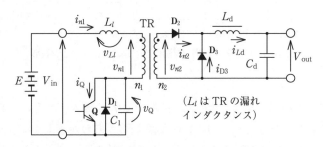

図 4.85　電圧共振型 1 石フォワード方式の回路構成

スイッチ素子 Q に並列接続されたコンデンサ C_1 と変圧器 TR の励磁インダクタンスが共振してスイッチ素子の電圧変化をゆるやかにしている。この回路の基本となる動作モードと電流径路を図 4.86 に示す。各動作モードの概要は次の通りである。

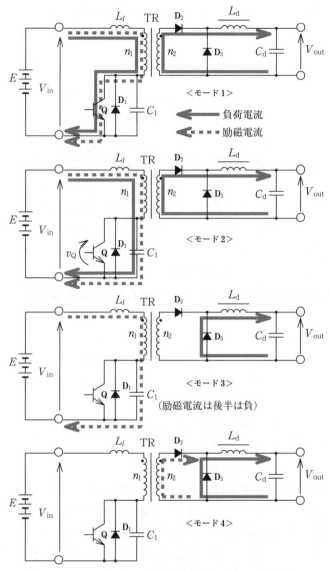

図 4.86 1石フォワード方式電圧共振型の基本となる動作モード

<モード1:Qがオン>

Qがオンしているので負荷電流と励磁電流がともに n_1 巻線と Q を流れる。2

次側では負荷電流が n_2 巻線と L_d を流れる。Q がターンオフしてモード2に移行する。Q ターンオフ時は C_1 電圧（Q の電圧 v_Q）は 0 V なので Q のターンオフは ZVS である。

＜モード2：Q はオフ＞

　Q がオフしたので Q を流れていた負荷電流と励磁電流は C_1 に転流する。C_1 の充電に伴い Q の電圧 v_Q は上昇する。v_Q が V_{in} を超えるとモード3に移行する。

＜モード3：Q はオフ＞

　$v_Q > V_{in}$ となると n_1 巻線電圧 v_{n1} は負となるので v_{n2} も負となり，D_2 が逆バイアスされる。その結果平滑リアクトル L_d の電流は D_2 から D_3 に転流するので，n_2 巻線と n_1 巻線の負荷電流は消失し，C_1 の充電は励磁電流だけで行われる。したがって，この動作モードでは C_1 と変圧器の励磁インダクタンス L_m の共振動作が行われる。共振動作の進行とともに C_1 はやがて充電から放電に転じ，励磁電流は負方向となる。C_1 の放電が進行し，v_Q が V_{in} より小さくなると次のモードに移行する。

＜モード4：Q はオフ＞

　$v_Q < V_{in}$ となると n_1 巻線電圧 v_{n1} は正となるので v_{n2} も正となり，D_2 が順バイアスされる。その結果 D_2 が導通するので，励磁電流は n_1 巻線から n_2 巻線に転流し，C_1 の放電は終了する。この状態で Q がターンオンしてモード1に移行する。したがって，Q がターンオンするときには C_1 電圧は V_{in} より少し低い値であり，0 V ではないので ZVS は成立しない。

(2)　漏れインダクタンスを考慮した動作

　このように，電圧共振型1石フォワード方式 DC/DC コンバータにおいて，基本となる動作モードでは Q ターンオン時の ZVS は成立せず，ソフトスイッチング失敗となる。ZVS を成立させるには変圧器の漏れインダクタンス L_l が十分大きな値でなければならない。L_l が無視できない値である場合，**図 4.87** に示す4つの動作モードが派生し，1周期の動作は，「モード 1 → 2 → 2-1 → 3 → 3-1 → 3-2 → 4-1 → 1」の順序となる。派生した四つの動作モードの概要は以下の通りである。

＜モード2-1：Q はオフ＞

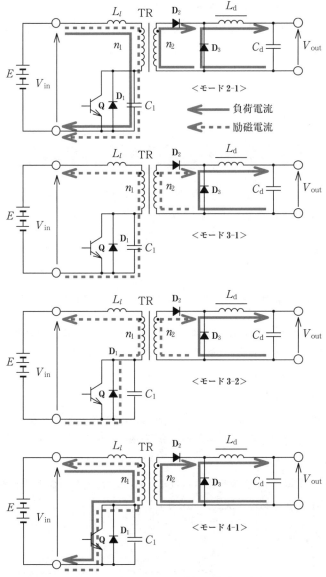

図 **4.87**　漏れインダクタンスの影響で派生する動作モード

前記のように，モード 2 において $v_{C1} > V_{in}$ となると $v_{n2} < 0$ となり D_2 が逆バイアスされて n_1 巻線の負荷電流は消失する。しかし，漏れインダクタンス L_l

が無視できないときは，L_l のエネルギーが消失するまで負荷電流は n_1 巻線を流れ続ける。その結果，D_2 と D_3 の双方が導通状態となるので変圧器の巻線電圧は 0 である。次式が成立する。

$$v_{n1} = v_{n2} = 0 \tag{4.105}$$

$$v_{Ll} = V_{in} - v_Q < 0 \tag{4.106}$$

$$i_{n1} = I_0 + \frac{1}{L_l} \int_0^t v_{Ll}(\tau)\,d\tau + i_m \tag{4.107}$$

$$v_Q = V_{in} + \frac{1}{C_1} \int_0^t i_{n1}(\tau)\,d\tau \tag{4.108}$$

$$i_{n2} = \frac{n_1}{n_2}(i_{n1} - i_m) \tag{4.109}$$

$$i_{Ld} = i_{n2} + i_{D3} \tag{4.110}$$

なお，I_0 はモード 2-1 開始時の n_1 巻線を流れる負荷電流，i_m は励磁電流である。式 (4.107) に従って i_{n1} は減少し，i_m だけとなった時点でこのモードは終了し，モード 3 に移行する。

＜モード 3-1：Q はオフ＞

前記のように，モード 3 において v_Q が低下して $v_Q < V_{in}$ となると，D_2 が順バイアスされて励磁電流が n_1 巻線から n_2 巻線に転流し，C_1 の放電は終了する。しかし，漏れインダクタンス L_l が無視できないときは，L_l のエネルギーが消失するまで励磁電流は n_1 巻線を流れ続ける。D_2 と D_3 の双方が導通するので変圧器の巻線電圧は 0 である。次式が成立する。

$$v_{n1} = v_{n2} = 0 \tag{4.111}$$

$$v_{Ll} = V_{in} - v_Q > 0 \tag{4.112}$$

$$i_{n1} = i_{m0} + \frac{1}{L_l} \int_0^t v_{Ll}(\tau)\,d\tau \tag{4.113}$$

$$v_Q = V_{in} + \frac{1}{C_1} \int_0^t i_{n1}(\tau)\,d\tau \tag{4.114}$$

$$i_{n2} = \frac{n_1}{n_2}(i_m - i_{n1}) \tag{4.115}$$

なお，i_{m0} はモード 3-1 開始時の励磁電流であり，負の値である。v_Q は式 (4.114) に従って減少する。v_Q が 0 となって C_1 の放電が完了するとモード 3-2 に移行する。なお，この動作モードでは i_{n1} は負の値であるが，式 (4.113) に従って i_{n1} の絶対値 $|i_{n1}|$ は減少する。v_Q が 0 となる前に $|i_{n1}|$ が 0 となれば C_1 の放電は完了できず，ソフトスイッチング失敗となる。

＜モード 3-2：Q はオフ＞

C_1 の放電が完了しても励磁電流は流れ続けるので D_1 が導通する。この状態で Q が ZVS でターンオンしてモード 4-1 に移行する。

＜モード 4-1：Q はオン＞

Q がターンオンしたので負荷電流は n_1 巻線 → Q の径路で流れ始める。しかし，L_l の大きさが無視できないときは L_l に妨げられて n_1 巻線電流は徐々に増加する。この間 D_2 と D_3 はともに導通し，変圧器の巻線電圧は 0 である。次式が成立する。

$$v_{n1} = v_{n2} = 0 \tag{4.116}$$

$$v_{Ll} = V_{in} \tag{4.117}$$

$$i_{n1} = \frac{1}{L_l} \int_0^t v_{Ll}(\tau)\,d\tau + i_m = \frac{1}{L_l}V_{in}t + i_m \tag{4.118}$$

$$i_{n2} = \frac{n_1}{n_2}\frac{1}{L_l}V_{in}t \tag{4.119}$$

$$i_{n2} + i_{D3} = i_{Ld} \tag{4.120}$$

D_3 の電流がすべて D_2 に転流してモード 1 に移行する。

図 4.85 の回路を**表 4.14** の条件で動作させたときのシミュレーション波形を図 **4.88** に示す。漏れインダクタンス L_l を 40 μH と大きな値にしており，漏れインダクタンスの影響で上記の四つの動作モードが現れている。モード 3-1 で C_1 の

表 4.14　動作条件

入力	100 V
出力	12 V 10 A
励磁インダク タンス L_m	500 μH
L_l	40 μH
C_1	2 000 pF
L_d	20 μH
C_d	100 μF
$n_1 : n_2$	4 : 1
Q_1 の通流率	0.68
動作周波数	120 kHz

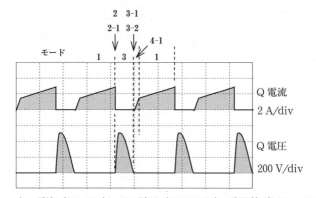

上：電流（2 A/div），下：電圧（200 V/div），時間軸（3.33 μs/div）

図 4.88　1 石フォワード方式電圧共振型のスイッチ素子 Q の電圧電流波形

放電が完了して ZVS が実現されている。

5章　各種回路方式の「ソフトさ比較」

　一般に，ハードスイッチングはスイッチング損失が大きくて高周波化が困難
な古い回路方式，ソフトスイッチングはスイッチング損失を抑制できて高周波
化に対応できる新しい回路方式，というイメージが存在している。しかし実際
には，ソフトスイッチングの回路方式でもスイッチング損失やサージ電圧が発
生する場合もあり，逆にハードスイッチングの回路方式でもスイッチング損失
やサージ電圧がほとんど発生しない場合もある。DC/DC コンバータの回路方
式をハードスイッチング／ソフトスイッチングと二者択一で考えることはあま
り意味がなく，個々の回路方式の動作を詳しく解析して，実際のスイッチング
動作がどの程度ソフトであるか比較検討する必要がある。この比較検討をここ
では各種回路方式の「ソフトさ比較」と呼ぶ。
　本章ではいくつかの回路方式のスイッチング動作を検討してソフトさ比較を
行い，その手順と考え方を紹介する。また，ソフトさ比較に必要な重要な評価
指標を提案する。

5.1　ソフトさ比較の例

5.1.1　2種類のフルブリッジ方式のソフトさ比較

(1)　PSFB と PWMFB

　フルブリッジ方式には 3.3 節で説明したソフトスイッチングの回路方式である
位相シフトフルブリッジ方式（PSFB）とハードスイッチングである PWM 制御
を行うフルブリッジ方式（PWMFB）がある。PWMFB は文献（1）の 4.3 節で
説明されている。PSFB のスイッチングには本書の 3.3 節で示したように，次の
ような特徴がある。

・進みレグはソフトスイッチングしやすい。

・遅れレグは軽負荷時にはソフトスイッチングが難しい。

・2次側整流ダイオードには逆回復電流が流れ，サージ電圧が発生する。

また，変圧器の漏れインダクタンスに蓄積されたエネルギーの一部は，環流モードでスイッチ素子のオン抵抗や変圧器の巻線抵抗などで消費されて失われる。

(2)　PWMFBのスイッチングの特徴

PWMFB の回路構成は図 3.32 の PSFB と同じであるが，動作モードは異なり，四つのスイッチ素子 Q_1〜Q_4 は次のようにオンオフ制御される（文献（1）の4.3.1 項）。

> モード1：Q_1, Q_4 がオン
>
> モード2：すべてオフ
>
> モード3：Q_2, Q_3 がオン
>
> モード4：すべてオフ

スイッチ素子がターンオフするときの動作モードと電流径路を図 **5.1** に示す。モード1で Q_1, Q_4 がターンオフしてモード2に移行するまでにモード1-1とモード1-2の過渡的な動作モードが発生する。L_l は変圧器 TR の漏れインダクタンス，C_1〜C_4 は Q_1〜Q_4 の寄生容量である。スイッチ素子に FET を使用する場合は D_1〜D_4 は FET の寄生ダイオードを使用できる。なお，この動作モードでは励磁電流は動作に影響しないので負荷電流の径路のみ記載している。また，2次側は省略している。

モード1では Q_1, Q_4 を介して変圧器に大きな電流が流れており，L_l にエネルギーが蓄積されている。Q_1, Q_4 がターンオフしても L_l の電流は流れ続けるので，モード1-1に示すように実線と点線の二つの径路で C_1〜C_4 の充放電が行われる。充放電が完了するとモード1-2に移行し，D_2, D_3 が導通して L_l のエネルギーは電源 E に回生される。

このように，PWMFB では変圧器の漏れインダクタンス L_l のエネルギーは，C_1〜C_4 の充放電に使用された後はすべて電源に回生され，電力損失は発生しない。環流モードでエネルギーが失われるソフトスイッチング方式の PSFB より，L_l のエネルギーの処理はハードスイッチング方式の PWMFB のほうが優れている。

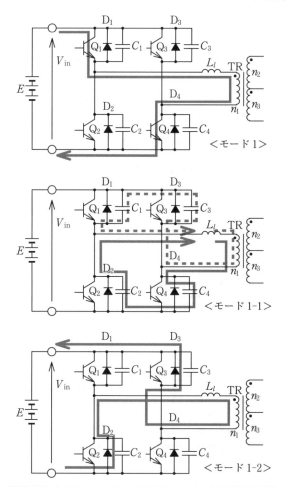

図 5.1 PWMFB 方式のターンオフ時の動作モード（2次側は略記している）

5.1.2 ハーフブリッジ方式とプッシュプル方式のソフトさ比較

ハーフブリッジ方式の回路構成を**図 5.2** に示す。この回路方式の基本的な特性は文献（1）の 4.3.2 節で説明されている。ここではスイッチング動作の特徴を説明する。二つのスイッチ素子 Q_1 と Q_2 が交互にオンオフして次のように四つの動作モードが発生する。

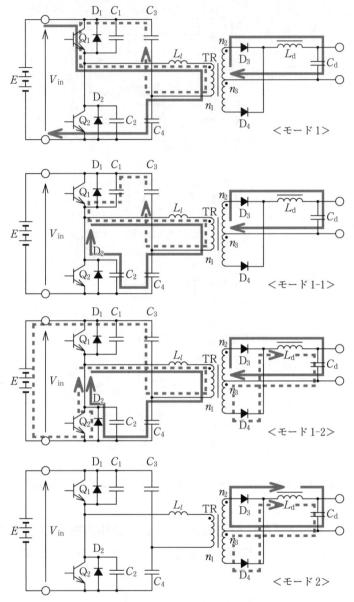

図5.2　ハーフブリッジ方式の回路構成とターンオフ時の動作

　　　　　　モード 1：Q_1 がオン
　　　　　　モード 2：すべてオフ
　　　　　　モード 3：Q_2 がオン
　　　　　　モード 4：すべてオフ

　スイッチ素子 Q_1 がターンオフするときの動作モードと電流径路を図 5.2 に示す。フルブリッジ方式と同様に，モード 1 で Q_1 がターンオフしてモード 2 に移行するまでにモード 1-1 とモード 1-2 の過渡的な動作モードが発生する。L_l は変圧器 TR の漏れインダクタンス，C_1，C_2 は Q_1，Q_2 の寄生容量である。Q_1，Q_2 が FET の場合，D_1，D_2 は FET の寄生ダイオードである。なお，この動作モードでは励磁電流は動作に影響しないので負荷電流の径路のみ記載している。

　モード 1 では実線と点線の二つの径路で変圧器に電流が供給され，2 次側では D_3 が導通して出力側にエネルギーを伝達している。変圧器 1 次巻線に流れる大きな電流により，漏れインダクタンス L_l にエネルギーが蓄積されている。Q_1 がターンオフするとモード 1-1 に移行する。L_l の電流はターンオフ前と同じ大きさで流れ続け，実線の径路で Q_2 の寄生容量 C_2 の電荷を放電し，点線の径路で Q_1 の寄生容量 C_1 を充電する。C_1 が V_{in} まで充電され，C_2 が 0 V まで放電すると，実線と点線の電流は D_2 に転流してモード 1-2 に移行する。このモードでは，L_l のエネルギーは C_4 の充電と電源 E への回生に使用される。したがって，ハーフブリッジ方式もフルブリッジ方式と同様に，変圧器の漏れインダクタンス L_l のエネルギーは電力損失として失われることはない。

　図 5.3 にプッシュプル方式の回路構成を示す。この回路方式の基本的な特性は文献 (1) の 4.3.3 節で説明されている。ここではスイッチング動作の特徴を説明する。ハーフブリッジ方式と同様に，二つのスイッチ素子 Q_1 と Q_2 が交互にオンオフして次のように四つの動作モードが発生する。

　　　　　　モード 1：Q_1 がオン
　　　　　　モード 2：すべてオフ
　　　　　　モード 3：Q_2 がオン
　　　　　　モード 4：すべてオフ

　スイッチ素子 Q_1 がターンオフするときの動作モードと電流径路を図 5.3 に示

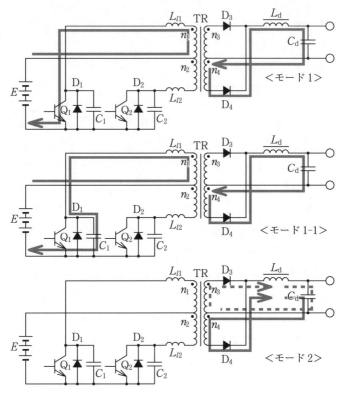

図5.3　プッシュプル方式の回路構成とターンオフ時の動作

す。L_{l1} は変圧器 TR の n_1 巻線の漏れインダクタンス，L_{l2} は n_2 巻線の漏れイ
ンダクタンスである。C_1，C_2 は Q_1，Q_2 の寄生容量である。Q_1，Q_2 が FET の場
合，D_1，D_2 は FET の寄生ダイオードである。モード1では実線の径路で変圧
器の n_1 巻線に電流が供給され，2次側では D_4 が導通して出力側にエネルギーを
伝達している。n_1 巻線に流れる大きな電流により，漏れインダクタンス L_{l1} にエ
ネルギーが蓄積されている。Q_1 がターンオフするとモード1-1に移行する。L_{l1}
の電流はターンオフ前と同じ大きさで流れ続け，実線の径路で Q_1 の寄生容量 C_1
を充電する。フルブリッジ方式やハーフブリッジ方式では，スイッチ素子の寄生
容量の充放電が完了すると，L_l の電流はスイッチ素子の寄生ダイオードに転流
して電源に回生された。しかし，プッシュプル方式ではそのような電流径路はな
く，L_{l1} のエネルギーがなくなるまで C_1 は充電され続ける。その結果，C_1 は高

い電圧に充電され，Q_1 に大きなサージ電圧が発生する。

モード 3 からモード 4 に移行する時には，Q_1 と同じメカニズムで Q_2 に大きなサージ電圧が発生する。フルブリッジ方式やハーフブリッジ方式ではスナバレスでスイッチ素子のサージ電圧を抑制することが可能であるが，プッシュプル方式は何らかのスナバ回路が必要であり，電力損失の原因となる。フルブリッジ，ハーフブリッジ，プッシュプルはすべてハードスイッチングのブリッジ方式であり，動作原理は類似しているが，ソフトさには大きな差がある。

5.1.3　1石フォワード方式と2石フォワード方式の ソフトさ比較

（1）　1石フォワード方式のスイッチ素子のサージ電圧

1石フォワード方式と2石フォワード方式はともにハードスイッチングの回路方式であり，双方フォワード方式なので動作原理も同じであるが，ソフトさには大きな差がある。**図 5.4** に1石フォワード方式のスイッチ素子 Q がターンオフするときの電流径路を示す。モード 1 はターンオフ前の動作モードで，励磁電流と負荷電流が n_1 巻線を経て Q を流れている。モード 2 はターンオフ後の動作モードで，L_d 電流は D_2 から D_3 に転流し，1次側には負荷電流は流れない。励磁電流は n_1 巻線から n_3 巻線に転流する。しかし，実際にはモード 1 とモード 2 の間に過渡的にモード 1-1 が発生し，このモードで Q に大きなサージ電圧が発生する。

図 5.4 のモード 1-1 の L_l は変圧器 TR の漏れインダクタンスである。L_l にはモード 1 で大きな電流が流れており，エネルギーが蓄積されている。したがって，Q がターンオフすると Q を流れていた負荷電流と励磁電流は Q の寄生容量 C_1 に転流し，C_1 を充電する。この充電は L_l のエネルギーがすべて C_1 に移動するまで終わらず，その間に C_1 は大きな電圧に充電され，Q のサージ電圧となる。サージ電圧抑制のため，Q にはスナバ回路が用いられる。

（2）　2石フォワード方式のスイッチング動作

図 5.5 に2石フォワード方式の回路構成と電流径路を示す。二つのスイッチ素子 Q_1 と Q_2 は同時にオンオフする。L_l は変圧器 TR の漏れインダクタンスである。モード 1 は Q_1 と Q_2 がオンしているときの動作モードで，励磁電流と負荷電流が n_1 巻線を経て Q_1 と Q_2 を流れている。なお，煩雑さを避けて励磁電流は

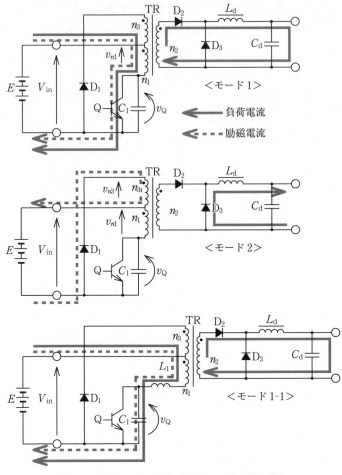

図5.4　1石フォワード方式のターンオフ時の動作

図示していない。モード2はQ₁とQ₂がオフしているときの動作モードで，L_d電流はD₃からD₄に転流し，1次側には負荷電流は流れない。

　モード1-1と1-2はモード1から2に移行する瞬間に発生する過渡的な動作モードである。Q₁，Q₂がターンオフすると1次側の電流はQ₁，Q₂からC₁，C₂に転流し，C₁，C₂を充電する（モード1-1）。C₁，C₂がV_{in}まで充電されてもL_lにはエネルギーが残っており，電流を流し続ける。そこで，D₁，D₂が導通し，L_lのエネルギーは電源Eに回生される（モード1-2）。回生が終了し，L_lのエ

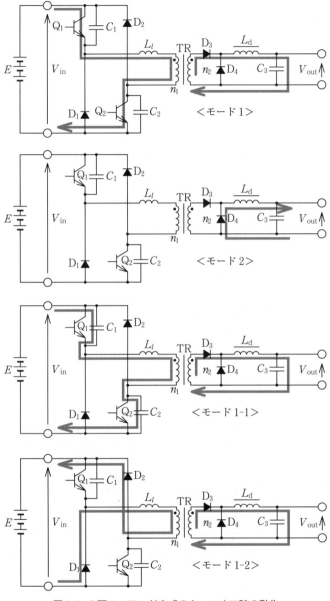

図 5.5　2 石フォワード方式のターンオフ時の動作

ネルギーがなくなると1次側の電流は消滅し，2次側の電流は D_3 から D_4 に転流してモード2に移行する。

　なお，実際には電源 E の配線にはインダクタンス成分 L_{line} が存在するので，図 5.6(a) に示すようにモード 1-2 の電流はすぐには増加できない。その間，モード 1-1 の電流が残存し，C_1, C_2 が過大に充電され，Q_1, Q_2 にサージ電圧が発生する。図 (b) はその対策回路である。Q_1, D_1 の直近にバイパスコンデンサ（パスコン）C_p を設けている。モード 1-2 の電流は L_{line} に妨害されることなくすみやかに増加することができ，C_1, C_2 が過大に充電されることはない。

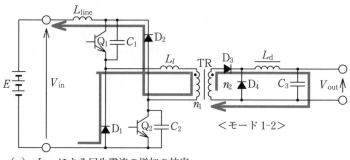

（a）　L_{line} による回生電流の増加の妨害

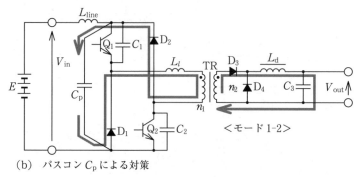

（b）　パスコン C_p による対策

図5.6　2石フォワード方式のサージ電圧の発生と対策

　このように2石フォワード方式では，1石フォワード方式とは異なり，スナバ回路を設けなくてもスイッチ素子のサージ電圧を抑制することができる。そのため，1石フォワード型ではあまり大きな容量の DC/DC コンバータを構成することはできないが，2石フォワード型では数 kW クラスの容量まで対応することが

できる[29]。

5.1.4 フライバックトランス方式のソフトさ比較

(1) フライバックトランス方式の基本動作

フライバックトランス方式の回路構成と電流径路を図 **5.7** に示す。Q_1 がオンしている動作モードをモード 1，オフしている動作モードをモード 2 とする。変圧器 TR の 1 次巻線 n_1 と 2 次巻線 n_2 は逆極性であり，モード 1 では n_1 巻線は上がプラスで下がマイナス，n_2 巻線は上がマイナスで下がプラスである。モード 1 では Q がオンしているので n_1 巻線には入力電圧 V_{in} が印加され，n_1 巻線を流れる励磁電流は直線的に増加する。この時 2 次側では，D が逆バイアスされるので n_2 巻線には電流は流れない。

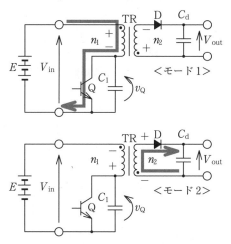

図 5.7 フライバックトランス方式の回路構成と電流径路

Q がオフしても励磁電流は流れ続けるので，n_2 巻線に転流して D を介して負荷側に供給される。なお，励磁電流はモード 1 では n_1 巻線の黒丸（極性表示）に流れ込む方向なので，モード 2 でも方向は変わらず黒丸に流れ込む方向に流れる。その結果 D が導通して n_2 巻線には V_{out} が印加され，n_2 巻線の極性は上がプラス，下がマイナスとなる。その結果，励磁電流は直線的に減少する。なお，変圧器の極性と励磁電流については文献（1）の 3.2 節で詳しく説明されている。

(2)　二つの制御方法と Q のターンオフ時の動作

　フライバックトランス方式は励磁電流の制御方法に二つの方法，**連続モード制御**（CCM：Continuous Current Mode）と**不連続モード制御**（DCM：Discontinuous Current Mode）がある。二つの制御方法の励磁電流波形模式図を**図5.8**に示す。励磁電流はモード1で直線的に増加，モード2で直線的に減少する。図（a）のように，励磁電流が常に正の値である場合を連続モード制御，図（b）のように，励磁電流がいったん0Aまで減少する制御方法を不連続モード制御という。なお，不連続モード制御では，正確には，後述するように励磁電流はモード1とモード2の境界で小さな負の値になる。

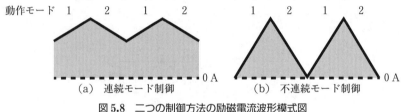

動作モード　1　　2　　1　　2　　　　　　　1　　2　　1　　2

0 A　　　　　　　0 A

（a）　連続モード制御　　　　　（b）　不連続モード制御

図5.8　二つの制御方法の励磁電流波形模式図

　モード1からモード2への過渡時の電流径路を**図5.9**に示す。モード1の状態でQがターンオフするとモード1-1に移行し，励磁電流は C_1 に転流し，C_1 は充電されて v_Q は上昇する。v_Q が $V_{in} + \dfrac{n_1}{n_2} V_{out}$ まで上昇すると D は逆バイアス

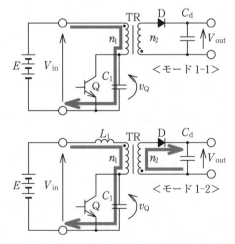

図5.9　モード1からモード2への過渡時の電流径路

が解除されて導通し，モード1-2に移行する。Dの導通によって励磁電流は n_1 巻線から n_2 巻線に転流するが，変圧器の漏れインダクタンス L_l のために転流には時間を要する。転流が完了するまでの期間がモード1-2であり，この期間に v_Q は $V_{in} + \dfrac{n_1}{n_2}V_{out}$ を超えて大きな電圧となり，Qのサージ電圧となる。Qのサージ電圧の抑制には C_1 の容量を大きくすること，および C_1 と直列に抵抗を設けることが効果的である。

(3)　Qのターンオン時の動作

　Qのターンオン時の動作は連続モード制御と不連続モード制御で大きく異なる。連続モード制御では図5.7のモード2の状態でQがターンオンしてモード1の状態に移行する。モード2では C_1 は $V_{in} + \dfrac{n_1}{n_2}V_{out}$ に充電されているが，Qのターンオン時に C_1 は短絡されて電荷は消滅し，電力損失が発生する。

　不連続モードでは，図5.8(b)のように n_2 巻線電流はいったん0Aまで減少する。このとき C_1 は $V_{in} + \dfrac{n_1}{n_2}V_{out}$ に充電されているので，Qのターンオンを少し遅らせると**図5.10**に示すように C_1 の放電が始まり，v_Q は低下する。放電電流は電源に回生され，電力損失とはならない。v_Q が十分低下した時点でQをターンオンさせればスイッチング損失を抑制することができる。

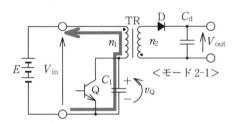

図5.10　モード2からモード1への過渡時の電流径路（不連続モード制御のとき）

　不連続モード制御時の典型的な波形を**図5.11**に示す。モード1ではQがオンしており，v_Q は0Vである。モード1終了時に v_Q に大きなサージ電圧が発生しているが，これは前記のモード1-2での C_1 の充電によるものである。サージ電圧発生後しばらく v_Q に振動が見られるが，これは C_1 と L_l の共振によるものである。共振電流は変圧器で2次側に伝えられており，v_Q の振動と同じ期間に n_2 巻線電流の振動が見られる。振動を除けば n_2 巻線電流は直線的に減少しており，0Aになってモード2が終了している。n_2 巻線電流が0Aになるのと同じタイミングで v_Q の低下が始まっている。v_Q の低下は C_1 の放電が始まったことを示し

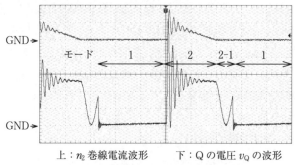

上：n_2 巻線電流波形　　下：Q の電圧 v_Q の波形

図 5.11　不連続モード制御時の典型的な波形

ており，図 5.10 のモード 2-1 の動作である。C_1 の放電は C_1 と励磁インダクタンス L_m との共振であり，v_Q は共振の半サイクル後に最低値に達している。v_Q が最低となる時点で Q をターンオンさせると，Q のスイッチング損失を最小化することができる。v_Q の「谷底（valley）」でスイッチングさせるので，**バレースイッチング**（Valley Switching）といわれている。

（4）　連続モード制御と不連続モード制御のソフトさ比較

Q のターンオフ時には，連続モード制御も不連続モード制御もともに，Q に大きなサージ電圧が発生する。このサージ電圧は C_1 の容量を大きくすれば抑制することができる。C_1 と直列に抵抗を設ければ，さらに効果がある。しかし，連続モード制御では Q のターンオン時に C_1 のエネルギーはすべて Q で消費される。不連続モード制御では C_1 の電荷を電源に回生することができ，v_Q の谷底で Q をターンオンさせれば，C_1 のエネルギーの損失を最小に抑制することができる。したがって，不連続モード制御のソフトさは連続モード制御より大幅に高い。フライバックコンバータの不連続モード制御は，部分共振の一種と考えられるが，**擬似共振**と呼ばれることも多い。

5.2　ソフトさ比較の評価指標

ソフトさの評価指標として**表 5.1** の①～⑥に示す 6 項目が考えられる。これらの項目の多くを満足している回路方式はソフトさが高い回路方式といえる。①～⑥の内容を以下に説明する。

表 5.1　各種回路方式のソフトさ比較一覧表

回路方式	種類	ソフトさ評価指標					
		ターンオン時			ターンオフ時		
		①	②	③	④	⑤	⑥
降圧チョッパ	ハード SW	×	×	×	×	×	—
昇圧チョッパ	ハード SW	×	×	×	×	×	—
昇降圧チョッパ	ハード SW	×	×	×	×	×	—
1 石フォワード方式	ハード SW	×	×	×	×	×	×
2 石フォワード方式	ハード SW	×	×	×	△	○	○
フライバックトランス方式（CCM）	ハード SW	×	×	×	×	×	×
フルブリッジ方式（PWMFB）	ハード SW	×	×	×	△	○	○
ハーフブリッジ方式	ハード SW	×	×	×	△	○	○
プッシュプル方式	ハード SW	×	×	×	×	×	×
電流型フルブリッジ方式	ハード SW	×	×	×	×	×	×
電流型プッシュプル方式	ハード SW	×	×	×	×	×	×
電流共振型昇圧チョッパ・降圧チョッパ	電流共振	○	○	×	○	○	○
絶縁形電流共振型 DD コン（並列共振）	電流共振	○	○	×	○	○	○
絶縁形電流共振型 DD コン（直列共振）	電流共振	○	○	×	○	○	○
電圧共振型昇圧チョッパ・降圧チョッパ	電圧共振	○	○	○	○	○	○
電圧共振型 1 石フォワード方式	電圧共振	○	○	○	○	○	○
E 級スイッチング方式昇圧チョッパ	電圧共振	○	○	○	○	○	—
準 E 級スイッチング方式昇圧チョッパ	電圧共振	○	○	○	○	○	○
アクティブクランプ方式 1 石フォワード型	部分共振	△	×	○	○	○	○
位相シフトフルブリッジ方式（PSFB）	部分共振	△	×	△	○	○	△
フライバックトランス方式（DCM）	部分共振	△	○	○	○	△	△
LLC 方式	部分共振	○	○	○	○	○	○
DAB 方式	部分共振	○	○	○	○	○	○

① スイッチ素子ターンオン時の電圧と電流の重なり解消
② ダイオードの逆回復特性によるサージ電圧・サージ電流の抑制
③ スイッチ素子の寄生容量とスナバ容量のエネルギー回生
④ スイッチ素子ターンオフ時の電圧と電流の重なり解消
⑤ スイッチ素子ターンオフ時のサージ電圧抑制
⑥ 変圧器の漏れインダクタンスのエネルギー回生

①　スイッチ素子ターンオン時の電圧と電流の重なり解消

「2.1.1 項のスイッチング損失」で説明しているように，ターンオン時に電圧と電流が同時に有限の値となることにより電力損失が発生する。主に二つの解消方法がある。一つは「スイッチ素子の逆並列ダイオードを導通させ，その期間中にターンオンさせる方法」であり，「3.1.2 項のターンオン時の動作」で説明している部分共振定番方式の方法である。もう一つは「スイッチ素子と直列にリアクトルを配置する方法」であり，4.1 節で説明している電流共振型の DC/DC コンバータが使用している方法である。リアクトルにより電流の立上りがゆるやかとなり ZCS を実現できる。ただし，「4.1.1 項の電流共振型の概要」でも説明したように，後者の方法では「③スイッチ素子の寄生容量とスナバ容量のエネルギー回生」を実現していない場合が多く，ターンオン時にスイッチング損失が発生する。

②　ダイオードの逆回復特性によるサージ電圧・サージ電流の抑制

「2.1.3 項のサージ電流とダイオードのサージ電圧」において，昇降圧チョッパのスイッチ素子ターンオン時に，ダイオードの逆回復特性によるサージ電圧・サージ電流が発生するメカニズムを示した。また，「3.3.7 項の 2 次側整流ダイオードのサージ電圧」において，位相シフトフルブリッジ方式のスイッチ素子 Q_3 ターンオン時に，ダイオードの逆回復特性によるサージ電圧・サージ電流が発生するメカニズムを示した。どちらの場合も次の (1)〜(5) のメカニズムでスイッチ素子にサージ電流が流れ，ダイオードにサージ電圧が発生した。

(1)　ダイオードに電流が流れている状態でスイッチ素子がターンオンする。

(2)　ダイオードに逆回復電流が流れスイッチ素子のサージ電流となる。

(3)　配線のインダクタンス成分または変圧器の漏れインダクタンスにエネルギーが蓄積される。

(4)　ダイオードが逆阻止能力を回復する。

(5)　インダクタンスの蓄積エネルギーでダイオードの寄生容量が大きな電圧に充電され，サージ電圧となる。

レグでサージ電圧・サージ電流が発生するときの電流径路を図 5.12 に示す。マイナス側アームのダイオード D_N が導通している状態でスイッチ素子 Q_P がターンオンすると点線の径路で D_N に逆回復電流が流れ，上記 (1)〜(5) の現象が発生する。なお，部分共振定番方式では 3.1.3 項「レグの転流動作」で説明し

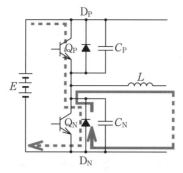

図5.12　レグでサージ電圧・サージ電流発生

ているように，図5.12の状態で Q_P ではなく Q_N をターンオンさせることにより
ソフトスイッチングを実現している。

　ダイオードの逆回復特性によるサージ電圧・サージ電流を抑制するためには次
の二つの方法がある。(1)はソフトスイッチングの回路方式で実現する方法であ
り，(2)はハードスイッチングの回路方式でも実現できる方法である。

　(1)　ダイオード電流が流れ終わってからスイッチ素子をオンさせる。

　(2)　ダイオードにショットキーバリアダイオードを使う。

③　スイッチ素子の寄生容量とスナバ容量のエネルギー回生

　スイッチ素子が電圧を持った状態でターンオンすれば，その電圧に充電されて
いる寄生容量とスナバ容量のエネルギーがすべて電力損失となる。部分共振定番
方式では，「3.1.2項のターンオン時の動作」で説明されているようにスイッチ素
子近傍に配置されたインダクタンスによって，スイッチ素子の寄生容量とスナバ
容量のエネルギー回生動作が実現される。絶縁形 DC/DC コンバータではインダ
クタンスとして変圧器の漏れインダクタンスや励磁インダクタンスを使用する場
合が多い。電圧共振型では「4.3節電圧共振型」で説明されているように，スイ
ッチ素子に並列接続されたコンデンサの共振により実現される。電流共振型では
実現されない。③が可能な場合は①も可能となる。

④　スイッチ素子ターンオフ時の電圧と電流の重なり解消

　部分共振定番方式では「3.1.1項のターンオフ時の動作」で示しているように，
スイッチ素子に並列接続されたコンデンサがゆるやかに充電されることによって
「スイッチ素子ターンオフ時の電圧と電流の重なり解消」が実現される。電圧共

振も同様にスイッチ素子に並列接続されたコンデンサにより実現されるが，コンデンサ容量は部分共振よりかなり大きい。電流共振では，共振が終了して電流が0Aになってからターンオフすることにより実現される。

⑤　スイッチ素子ターンオフ時のサージ電圧抑制

「2.1.2項のサージ電圧」でメカニズムを説明したように，スイッチ素子のターンオフ時にスイッチ素子の寄生容量が過充電されることによりサージ電圧が発生する。部分共振と電圧共振では④の対策がそのまま⑤の対策になる。電流共振ではスイッチ素子の電流が0Aになった後でターンオフさせることによりサージ電圧を抑制する。

⑥　変圧器の漏れインダクタンスのエネルギー回生

絶縁形DC/DCコンバータでは，スイッチ素子がオンしている動作モードで変圧器に大きな電流が流れており，漏れインダクタンスにエネルギーが蓄積されている。スイッチ素子がターンオフした後の漏れインダクタンス電流の径路を適切に確保することにより，エネルギー回生を実現する。⑥が不可の場合はほとんどの場合⑤も不可となる。

5.3　各種回路方式のソフトさ比較

各種回路方式におけるソフトさ評価指標①～⑥の実現の有無を表5.1に示す。ハードスイッチングの回路方式でも評価指標全てが×になるわけではなく，また，ソフトスイッチングの回路方式でもすべてが○になるとは限らない。本節では，それぞれの回路方式のソフトさの特徴を検討する。

なお，表5.1はあくまでもソフトさを比較したものであり，回路方式そのものの優劣を比較したものではない。例えばE級スイッチング方式昇圧チョッパでは，すべてが○でありソフトさは高いが，出力電圧を制御できないので用途は限られる。

5.3.1　降圧チョッパ，昇圧チョッパ，昇降圧チョッパ

昇降圧チョッパのターンオフ時の動作とサージ電圧について2.1.2項，ターンオン時のサージ電流について2.1.3項で説明している。また，昇圧チョッパのターンオフ時のサージ電圧について2.1.4項で詳しく検討している。これら3種

類のチョッパ回路のスイッチング特性はほぼ同じであり，ターンオフ時，ターン
オン時ともにすべての項目で×となる。

　これらのチョッパ回路について，ソフトスイッチングの回路方式も広く研究さ
れており，さまざまな回路方式が提案されているが，広く普及した回路方式はな
い。たとえば図 **5.13** の昇圧チョッパ[30] はターンオン時，ターンオフ時ともに
ソフトスイッチングが可能であり，評価指標①〜⑤全項目が○となる。図 5.13
の破線で囲った部分はソフトスイッチング実現のために追加された部品である。
部品点数が多く，補助スイッチ素子 Q_2 と Q_3 の駆動回路も必要であり，あまり
実用的とはいえない。

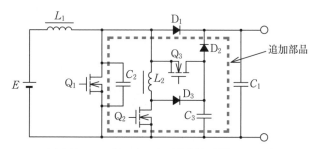

図 5.13　ソフトスイッチング可能な昇圧チョッパ

　一方，これらのチョッパ回路は，回路構成は変更せず，ダイオードにはショト
キーバリアダイオードを使用して逆回復特性を改善し，配線のインダクタンス成
分が極小となるように部品実装を工夫すれば，サージ電圧とサージ電流をかなり
抑制することができ，評価指標の②⑤を○に近づけることができる。さらに，ス
イッチ素子に高速スイッチングが可能な FET を使用すれば①④が×であること
の悪影響を軽減することができる。このような対策は広く実施されており，チョ
ッパ回路は今なおハードスイッチングの回路構成が主流となっている。

5.3.2　フォワード方式

　フォワード方式には 1 石式と 2 石式があるが，「5.1.3 項の 1 石フォワード方式
と 2 石フォワード方式のソフトさ比較」で説明したようにソフトさには大きな差
がある。1 石式は全項目×となる。2 石式はスイッチ素子ターンオフ時に変圧器
の漏れインダクタンスのエネルギーを効果的に電源に回生することができ，サー

ジ電圧も抑制することができるので⑤と⑥が○になる。条件が良ければターンオフ時の電圧と電流の重なりも抑制できるので④は△となる（条件：スイッチ素子のターンオフが高速，素子の出力容量が大きい，電流が小さい）。

　1石式はソフトさが低いので容量は数10 W〜数100 W に限られ，動作周波数もあまり高くできない。しかし部品点数が少なく経済性に優れるので，もっと大きな容量や高い動作周波数での使用が強く期待され，その結果生まれた回路方式がアクティブクランプ方式1石フォワード型である。アクティブクランプ方式1石フォワード型は，「3.2.1項の概要」で説明したように少数の追加部品でソフトスイッチングを実現することができ，数 kW クラスの容量で100 kHz 以上の高周波で使用することができる。

5.3.3　フライバックトランス方式

　フライバックトランス方式は「5.1.4項のフライバックトランス方式のソフトさ比較」で説明しているように，励磁電流の制御方法によってソフトさが大きく変化する。電流連続モード（CCM）ならすべての項目が×だが，電流不連続モード（DCM）ならダイオードの電流は自然に 0 A になるので②は○となる。さらに，スイッチ素子のターンオンのタイミングを制御して，バレースイッチング（valley switching）を行えば，①もおおむね実現することができる。また，バレースイッチングを前提にスイッチ素子と並列にスナバコンデンサを接続すれば④，⑤，⑥もおおむね実現できる。

5.3.4　PSFB と PWMFB

　フルブリッジ方式にはソフトスイッチングの回路方式である PSFB（位相シフトフルブリッジ方式）とハードスイッチングの回路方式である PWMFB がある。「5.1.1項の2種類のフルブリッジ方式のソフトさ比較」で説明したように PWMFB は変圧器の漏れインダクタンスのエネルギー回生を適切に行うことができ，サージ電圧もスナバレスで防ぐことができ，表5.1 では⑤と⑥が○となる。動作条件がよければ，ターンオフ時の電圧・電流の重なりも抑制されるので④は△となる（条件：スイッチ素子のターンオフが高速，素子の出力容量が大きい，電流が小さい）。PSFB では漏れインダクタンスのエネルギーの一部が環流モードで失われるので⑥は△となり，PWMFB に劣る。ターンオン時の特性は

PWMFB より PSFB が優れるが,「3.3.6 項の軽負荷時のソフトスイッチング」で説明されているように軽負荷時は遅れレグのソフトスイッチングが簡単ではないので①と③は△である。また,「3.3.7 項の 2 次側整流ダイオードのサージ電圧」で説明しているようにダイオードのサージ電圧を防ぐことができないので②は×となる。

5.3.5　ハーフブリッジとプッシュプル

「5.1.2 項のハーフブリッジ方式とプッシュプル方式のソフトさ比較」で説明されているように,ハーフブリッジ方式のターンオフ時の動作はフルブリッジと同じであり,⑤⑥は○,④は△である。プッシュプルは漏れインダクタンスのエネルギー回生が効果的にできないので,スイッチング損失とサージ電圧が大きくなるので,④⑤⑥すべて×である。

5.3.6　電流型 DC/DC コンバータ

通常のフルブリッジ方式（PWMFB）は漏れインダクタンスのエネルギー回生が容易だが,電流型 DC/DC コンバータは困難である（詳細は文献 (1) の4.4.3(2) 項参照）。プッシュプル方式も同じく困難であり,電流型は全項目×となる。

5.3.7　電流共振型，電圧共振型

電流共振型はスイッチ素子の印加電圧が方形波であり,スイッチ素子は寄生容量に電荷が蓄積された状態でターンオンする。したがって,③は×となる。電圧共振型はターンオン,ターンオフともにスイッチ素子はゼロ電圧スイッチング（ZVS）を行うので電流共振型のような問題はなく,全項目が○となる。ただし,電圧共振型 1 石フォワード方式は,「4.3.6(1) 項の電圧共振型 1 石フォワード方式の基本動作」で説明しているように,十分大きな漏れインダクタンス L_l を設けなければ①②を実現できない。

5.3.8　部 分 共 振 型

アクティブクランプ方式 1 石フォワード型は 2 次側整流ダイオードに電流が流れている状態でスイッチ素子がターンオンするので②は×である。また,「3.2.4

項のソフトスイッチングの成立条件」に記載のように，①は漏れインダクタンスと励磁電流を十分大きくしなければ〇にならない。位相シフトフルブリッジ方式は前記のように2次側整流ダイオードにサージ電圧が発生し，また，遅れレグのソフトスイッチングに問題がある。LLC方式とDAB方式はソフトさが高く，全項目〇である。ただし，LLCでは過負荷時にソフトスイッチングが困難となり（4.2.7項），DABでは入出力の電圧変動が大のときにソフトスイッチングが困難となる（3.5.6項）。なお，LLC方式は周波数制御が必要な電流共振型であるが，ソフトスイッチングの方式は部分共振である（4.2.6項）。

引用・参考文献

(1) 平地克也：「DC/DC コンバータの基礎から応用まで」, 電気学会, (2018)

(2) 平地克也：「スイッチ素子ターンオフ時のサージ電圧発生メカニズム」, 平地研究室技術メモ No.20191211
http://hirachi.cocolog-nifty.com/kh/ (2021 年 11 月 1 日現在)

(3) 「電気学会電気専門用語集 No.9 パワーエレクトロニクス」, コロナ社

(4) 平地克也：「ミニ UPS の回路方式の変遷と今後の課題」, 電子情報通信学会, EE2003-57, pp.1-6, (2004)

(5) 田中孝明, 平地克也：「アクティブクランプ方式 DC/DC コンバータのソフトスイッチング成立条件の検討」, 電気学会半導体電力変換研究会資料, SPC09-6, pp.31-36, (2009)

(6) 田中孝明, 平地克也, 伊東淳一：「アクティブクランプ方式 1 石フォワード型 DC/DC コンバータの新しい制御方式」, パワーエレクトロニクス学会誌, Vol.36, pp.41-47, (2011)

(7) 平地克也：「位相シフトフルブリッジ方式軽負荷時の励磁電流の振る舞い」, 平地研究室技術メモ No.20170615
http://hirachi.cocolog-nifty.com/kh/ (2021 年 11 月 1 日現在)

(8) 平地克也：「位相シフトフルブリッジ方式の軽負荷時のソフトスイッチング方法」, 平地研究室技術メモ No.20170501
http://hirachi.cocolog-nifty.com/kh/ (2021 年 11 月 1 日現在)

(9) 渡辺晴夫, 畠山治彦, 石川孝明：「BHB (Boost half bridge) 方式電源」, 電子情報通信学会技術報告, EE98-17, (1998 年 7 月)

(10) 平地克也：「BHB 方式 DC/DC コンバータの基本動作」, 平地研究室技術メモ No.20120429
http://hirachi.cocolog-nifty.com/kh/ (2021 年 11 月 1 日現在)

(11) M.H.Kheraluwala, R.W.Gascoigne, D.M.Divan, and E.D.Baumann: "Performance Characterization of a High-Power Dual Active Bridge dc-to-dc Converter", IEEE Trans. on Industry Applications, Vol.28, No.6, pp.1294-1301, (1992)

(12) 比嘉隼, 伊東淳一：「全負荷領域 ZVS を実現する電力環流動作を用いた並列接

続 Dual-Active-Bridge DC-DC コンバータの実機検証」，平成 29 年電気学会産業応用部門大会，第 1 分冊，331〜334 頁

(13) Kwang-Hwa Liu, Bamesh Oruganti, and Fred. C. Lee: "Resonant Switches -Topologies and Characteristics", Proc. of IEEE PESC'85, pp.106-116, (1985)

(14) Kwang-Hwa Liu, and Fred. C. Lee: "Zero-Voltage Swtching Technique in DC/DC Converters", Proc. of IEEE PESC'86, pp.58-70, (1986)

(15) 伊藤泰一，伊藤悦郎：「共振形コンバータの通信用電源への応用」，パワーエレクトロニクス研究会論文誌，19 巻，pp.77-84，(1993)

(16) 榊原一彦，室山誠一：「電圧クランプダイオードを備えた直列共振コンバータの静特性解析」，電子情報通信学会論文誌 B，Vol.J70-B，No.11，pp.1282-1289，(1987)

(17) 安村昌之，豊田準一，小倉伸郎，高濱昌信：「民生機器用電流共振形 DC/DC コンバータ」，電子情報通信学会，信学技報，PE93-69，(1994)

(18) Yasuhito Furukawa, Kouichi Morita, and Taketoshi Yoshikawa: "A High Efficiency 150W DC/DC Converter", Proceedings of IEEE International Telecommunications Energy Conference (INTELEC 1994), pp.148-154, (1994)

(19) 浦山大，平地克也：「LLC コンバータのソフトスイッチング成立条件について」，パワーエレクトロニクス学会誌，Vol.41，JIPE-41-03，pp.25-33，2016

(20) 平地克也：「LLC コンバータ設計用ワークシート改良版」，平地研究室技術メモ No.20180202
http://hirachi.cocolog-nifty.com/kh/（2021 年 11 月 1 日現在）

(21) 山下，江口，他：「ワイドレンジ入力に対応した高効率絶縁型パワーコンディショナー」，シャープ技報，第 107 号，pp.19-22，(2014)

(22) 並木精司：「世界最小&最軽量 65W ノート PC 用 AC アダプタ DART 実験大解剖」，トランジスタ技術 2018 年 2 月号，pp.157〜164，(2018)

(23) Hongfei Wu, Tiantian Mu, Xun Gao, and Yan Xing: "A Secondary-Side Phase-Shift-Controlled LLC Resonant Converter With Reduced Conduction Loss at Normal Operation for Hold-Up Time Compensation Application", IEEE Trans. on Power Electronics, Vol.30, No.10, pp.5352-5357, (2015)

(24) 千葉明輝，京野羊一，足利亨，石倉啓太：「80PLUS TITANIUM 対応電源の開発」，サンケン技報，Vol.46，pp.41-44，(2014)

(25) 平地克也：「LLC コンバータの設計方法」，平地研究室技術メモ No.20171211

http://hirachi.cocolog-nifty.com/kh/ (2021 年 11 月 1 日現在)

(26) Koji Murata and Fujio Kurokawa: "An Interleaved PFM LLC Resonant Converter With Phase-Shift Compensation", IEEE Trans. on Power Electronics, Vol.31, No.3, pp.2264-2272, (2016)

(27) 顧文建, 原田耕介:「E 級共振スイッチを用いた DC-DC コンバータの回路方式と特性解析」, 電子情報通信学会論文誌 B-1, Vol.J74-B-1, No.6, (1991)

(28) 大森英樹, 中岡睦雄, 小南秀之, 丸橋徹:「誘導加熱調理器用電圧共振形 1 石インバータの制御システム」, 電気学会論文誌 D, Vol.107, No.4, pp.487-494, (1987)

(29) 平地克也, 高橋康夫, 福井篤, 友国泰治:「48V100A スイッチング電源ユニットを使った通信用直流無停電電源システムについて」, ユアサ時報, 第 66 号, pp.27-35, (1989)

(30) 吉川隆之, 谷口勝則, 平地克也:「昇圧チョッパ装置」, 特許第 3328331 号

索　　　引

著者略歴
平地　克也（ひらち　かつや）

1979 年　京都大学工学部 電気工学科卒業，同年湯浅電池株式会社（現 GS ユアサコーポレーション）入社。以来，無停電電源装置，スイッチング電源，高力率コンバータ，連系インバータなどの各種電力変換装置の研究開発に従事。
1999 年　山口大学大学院 理工学研究科博士後期課程修了
2004 年　国立舞鶴工業高等専門学校 電気情報工学科教授
2014 年　国立舞鶴工業高等専門学校 副校長
2018 年　国立舞鶴工業高等専門学校 名誉教授

ソフトスイッチングの基礎から応用まで
Fundamentals and Applications of Soft-Switching

2022 年 3 月 20 日　　初　版　1 刷発行

発行者　藤　原　　昇

発行所　一般社団法人 電　気　学　会
〒102-0076 東京都千代田区五番町6-2
電話(03)3221-7275
https://www.iee.jp

発売元　株式会社 オーム社
〒101-8460 東京都千代田区神田錦町3-1
電話(03)3233-0641

印刷所
製本所　大日本法令印刷株式会社

落丁・乱丁の際はお取替いたします。
ISBN 978-4-88686-316-4　C3054

電気学会の出版事業について

　電気学会は，1888 年に「電気に関する研究と進歩とその成果の普及を図り，もって学術の発展と文化の向上に寄与する」ことを目的に創立され，教育関係者，研究者，技術者および関係諸機関・法人などにより組織され運営される公益法人です。電気学会の出版事業は，1950 年に大学講座シリーズとして発行した電気工学の教科書をはじめとし半世紀以上を経た今日まで電子工学を包含した数多くの図書の企画，出版を行っています。

　電気学会の扱う分野は電気工学に留まらず，エネルギー，システム，コンピュータ，通信，制御，機械，医療，材料，輸送，計測など多くの工学分野に密接に関係し，工学全般にとって必要不可欠の領域となっています。しかも年々学術，技術の進歩が加速的に速くなっているため，大学，高専などの教育現場においては，教育科目，内容，授業形態などが急激に様変わりしており，カリキュラムも多様化しています。

　電気学会では，そのような実情，社会ニーズなどを調査，分析して時代に即応した教科書の出版を行っていますが，さらに，学問や技術の進歩に一早く応えた研究者，エンジニア向けの専門工学書，また，難解な専門工学を分かりやすく解説した一般の読者向けの技術啓発書などの出版にも鋭意，力を注いでいます。こうしたことは，本学会が各界の一線で活躍する教育関係者，研究者，技術者などで組織する学術団体だからこそ出来ることです。電気学会では，これらの特徴を活かして，これからも知識向上，自己啓発，生涯教育などに貢献できる図書を出版していきたいと考えています。

会員入会のご案内

　電気学会では，世代を超えて多くの方々の入会をお待ちしておりますが，特に，次の世代を担う若い学生，研究者，エンジニアの方々の入会を歓迎いたします。電気電子工学を幅広く捉え将来の活躍の場を見出すため入会され，最新の学術や技術を身につけ一層磨きをかけてキャリアアップを目指してはいかがでしょうか。すべての会員には，毎月発行する電気学会誌の配布や，当会発行図書の特価購読など，いろいろな特典がございますので，是非一度下記までお問合せ下さい。

〒102-0076　東京都千代田区五番町 6-2　一般社団法人　電気学会
https://www.iee.jp　　　Fax：03(3221)3704
▽入会案内：総務課　　　Tel：03(3221)7312
▽出版案内：編修出版課　Tel：03(3221)7275